> 그림
> 설명

공룡은 어떤 생물이었나

그 참모습과 생활을 살펴본다

후쿠다 요시오 지음
안용근 옮김

BLUE BACKS
韓國語版

恐龍はとんな生物だつたか
その素顔と生活をさぐる
B-675 ⓒ 福田芳生
1989
日本國·講談社

이 한국어판은 일본국·주식회사 고단샤와의 계약에 의하여
전파과학사가 한국어판의 번역·출판권을 독점하고 있습니다.

【지은이 소개】
　福田芳生 후쿠다 요시오
1941년 지바현(千葉縣) 출생.
니혼대학(日本大學) 농수의학부 수의학과 졸업 후 동경의과대학에서 해부학을 공부. 지바현 위생연구소에 근무. 그간, 와세다대학(早稻田大學) 교육학부 강사를 겸임하여 고생물학을 가르쳤다. 의학박사. 전문인 어병학(魚病學) 지식을 고생물학에 도입하여 새로운 고생물 과학(Paleobiology)을 확립하기를 염원하고 있다. 저서는 『생흔(生痕) 화석의 세계』등 다수가 있다.

【옮긴이 소개】
　安龍根 안용근
충남대학교 농산제조학과(현, 식품공학과) 졸업
중앙대학교 대학원 식품가공학과, 석사
오사카시립대학 대학원 생물학과 이학박사, 객원연구원 역임
현, 충청전문대학 식품영양과 교수
전공;효소화학
「당쇄의 부가에 의한 고구마 β-amylase의 서브유닛 구조와 기능의 해석 및 효소의 안정화」

머리말

필자는 외국의 전문지에 실려 있는 공룡 논문에서 공룡 뼈의 광학 현미경 사진을 보았습니다. 잘 살펴보니 많은 골세포가 가는 돌기를 주위로 펼쳐서 마치 병정개미가 여러 개의 둥근 원을 그리며 중요한 작전 회의라도 하고 있는 것같이 하버스 관(Haversian canal)이라는 혈관 주위에 늘어서 있었습니다.

"음, 1억년 전의 공룡이 이렇게 훌륭한 골세포를 갖고 있었는가" 하고 놀랐습니다. 그 공룡의 골세포는 온혈 포유동물과 매우 비슷하였습니다. 그 후, 어떻게 하든 공룡의 뼈 조각을 손에 넣어 골세포를 직접 확인하고 싶은 생각이 간절하였습니다.

당시 필자 연구실에는 물체 표면을 입체적으로 촬영할 수 있는 신형의 주사형(走査型) 전자 현미경이 있었습니다. 필자는 그것을 사용하면 틀림없이 공룡의 골세포를 볼 수 있을 것으로 확신하고 있었습니다. 그러나 애석하게도 막상 당사자 격인 공룡 뼈가 없었기 때문에 절치액완(切齒扼腕 ; 이를 갈고 소매를 걷어붙이며 몹시 분해함)하였습니다.

지금으로부터 십수 년 전의 일입니다. 폴란드의 해부학자인 K. 파울리키가 보낸 논문을 보았습니다. 거기에는 주사형 전자 현미경으로 관찰한 타르보사우루스(*Tarbosaurus*)의 골세포 사진이 나와 있었습니다. "아, 파울리키 박사에게 선수를 뺏겼구나" 하며 크게 낙심하였습니다. 그러나 그것은 초점이 잘 맞지 않은 사진으로, 전문가가 골세포라고 하니까 그런 줄 알지 그냥 보아서는 무엇인지 알아보기 힘들었습니다.

도쿄에 간 김에 친구가 경영하는 광물, 화석 표본점에 들렀습니다. 거기에 있는 오리너구리룡의 아래턱뼈에는 '서비스 세일'이라고 쓰여져 있었습니다. 나는 어머니에게 "공룡 뼈를 사고 싶으니 잠시 돈 좀 빌려 주세요"라고 부탁하였습니다. 어머니는 "그렇게 사고 싶으니? 옛다."하며 돈을 주셨습니다. 그 턱에서 검출된 공룡의 골세포 화석은 세계에서 아직 아무도 본 사람이 없을 정도로 훌륭한 것이었습니다.

필자는 이렇게 하여 마이크로에서 공룡학을 시작하여 공룡의 진화, 고생태의 해명까지 발전시켜 나갔습니다. 이 책에서는 공룡이 탄생하여 살기 위해 어떻게 싸우고, 죽었는가 해설해 놓았습니다.

> 1986년 10월 11일
> 저자

옮긴이 머리말

용(龍)은 전설의 동물로 알려져 있다. 용꿈을 꾸면 상서로운 일이 일어난다.

용은 정말 전설에만 나오는 가공의 동물일까?

지구상의 모든 생물은 같은 기원에서 출발하였지만 진화로 오늘날과 같은 수많은 동식물로 분화되었나. 그 사이, 인간의 선조는 어떤 형태였든간에 공룡과 공존한 시대가 있었다. 그 때 공룡은 인간의 선조에게 가장 무섭고 가장 강한 절대적인, 즉 신과 같은 존재였을 것이다.

공룡에 대한 그런 경원은 인간으로 진화되면서 잠재 의식이나 다른 표현 수단으로 후손에게 전달된 것이 틀림없다. 까마득한 옛날에 전멸하여 버린 공룡은 그래서 용이라는 상상 속의 동물로서 남아 있다. 용이란 말은 동양에만 있는 것이 아니고 서양에도 있다는 사실(dragon)이 이를 뒷받침하고 있다.

용은 공룡의 특징을 갖추고 있다. 전설의 이무기는 공룡과 닮은 모습이다. 이무기가 변하여 승천하는 용은 익룡과 같다. 용은 공룡과 같은 비늘을 갖고 있다. 뿔, 털, 발과 발톱도 갖고 있다.

그러면 공룡이 사라진 지 오래된 지금, 공룡과 용의 모습이 비슷하다는 것은 어떻게 알아내었는가?

그에 대한 해답이 이 책에 나와 있다.

공룡이 죽고 나서 흙에 오랫동안 묻혀 있으면 공룡의 뼈는 광물화한다. 그러나 주변과는 다른 성분을 가진 광물로 변하여 원래의 뼈 형태 그대로 남는다. 이것이 화석이다. 이 화석을 통하여 공룡의 모습을 알아낸다.

공룡은 거대하고 포악하며 무시무시하다. 그러나 그렇지 않은 공룡도 있다. 이 책에는 과학적 방법으로 밝혀진 그런 공룡의 실체가 그림과 함께 설명되어 있다.

그러나 화석만 가지고 연구하기 때문에 완전한 것을 알아낼 수는 없다. 그래서 나머지 부분에 대해서는 상상으로 여러 가지를 그려 보기도 한다.

모든 일을 다 알아냈을 때는 흥미를 잃는다. 아직 많은 것이 미지에 싸여 있기 때문에 공룡은 그래서 많은 흥미와 상상력을 불러 일으킨다. 더욱이 지금까지 발견된 공룡의 화석은 땅 속에서 수없이 잠자고 있는 화석의 극히 일부분에 지나지 않는다. 그러므로 독자들은 여기에서 제시되는 사실들을 바탕으로 공룡의 실체를 나름대로 유추해 내거나 마음껏 상상의 나래를 펼 수 있을 것이다. 많은 학자들의 의견이 제시되고 있으나 그들도 직접 본 일은 없기 때문에 틀릴 수도 있고, 독자들의 생각이 옳을 수도 있다.

우리 나라에는 공룡을 연구하는 곳이 거의 없고, 일반인들이 공룡의 화석을 볼 수 있는 곳도 드물다. 공룡의 발굴이 제대로 이루어진 일은 거의 없는 것 같다. 그래서 여러분, 특히 학생들이 상상의 나래를 펼 수 있는 기회란 거의 없는 것 같다. 일부 광산 등에서 많이 발견되는 화석은 광부들이 장식용으로 아는 사람에게 나누어주는 것으로 그칠 뿐, 학문적으로 연구되고 있는 것 같지도 않다. 애석한 일이지만 폐광하는 곳이 많아져서 그나마 볼 수 있는 기회도 점점 더 사라지고 있다. 그러나 다행히 얼마 전 영화 등을 통해 공룡 붐이 일었다.

까마득히 먼 훗날 우리 나라는 가장 많은 인간의 화석을 산출하는 곳으로 유명하게 될 것이다. 사람이 죽으면 매장하고, 정성들여 묘를 보존하기 때문이다. 그래서 독자들도 화석으로 남을 가능성이 있다.

여러분도 화석으로 남기고 싶은 동물이나 식물이 있으면 흙에 묻어 두기 바란다. 그러나 방부제 처리를 해야 할 것이다.

그리고, 바닷가나 강가 벼랑 밑에 나뒹구는 돌이나 바위 조각을 예사로 보지 말고 관심을 가지기 바란다. 혹시 전혀 새로운 종류의 공룡을 발견하여 여러분의 이름이 공룡의 이름으로 길이 남을 수도 있으니까.

역자는 학생들이 공룡 시대라는 미지의 세계를 마음껏 그려 보고, 이를 통해 공룡에 관심을 갖는 사람(전문가이든 비전문가이든)들이 많이 생기기 바라는 마음에서 이 책을 소개하고 있다.

그리고 이 책은 무엇보다도 재미있다.

우리 나라에서는 용을 절대자라는 의미에서 용용(龍) 자를 남자 이름에 사용하는 경우가 많다. 마침 역자도 이름에 용용 자가 들어가 있어서 용과 무슨 인연이 있으려나 하였더니 공룡 책을 번역하게 되었다.

일본책은 외래어 원어를 표기하여 놓지 않는다. 그래서 번역시 고유 명사와 특수 전문 용어를 올바르게 표기하기 힘든 경우가 많다. 그러나 저자인 후쿠다 요시오 박사가 힘든 작업인데도 불구하고 원어를 모두 조사하여 보내 주어서 고유 명사와 공룡 이름을 틀리지 않게 번역할 수 있었다. 이점 후쿠다 요시오 박사에게 감사한다.

1991. 7. 2.
안용근

차례

머리말 *3*
옮긴이 머리말 *5*
차례 *8*
지질연대표 *12*

1. 만텔 의사와 이구아노돈 *13*
2. 1억년 전의 마(魔)의 협곡 *19*
3. 이구아노돈의 정체 *25*
4. 가장 오래된 공룡 테코돈트 *32*
5. 공룡의 미라 화석 *47*
6. 공룡 발바닥의 구조 *60*
7. 공룡의 골세포가 포유류형인 이유 *64*
8. 공룡 꼬리의 힘줄 *70*
9. 장갑공룡의 갑옷 *75*
10. 거대한 온도 조절기를 가졌던 공룡 *80*

11. 티라노사우루스의 앞다리가 이상하게 작은 이유 *88*
12. 폭군룡 티라노사우루스의 절멸 이유 *91*
13. 공룡의 이갈기 *96*
14. 썩은 고기를 먹은 공룡 *100*
15. 공룡 혀의 구조 *103*
16. 피부에서 독액을 분비하여 몸을 보호한 공룡 *105*
17. 공룡의 고기맛 *108*
18. 공룡의 뇌와 감각기 *109*
19. 공룡의 혈액과 심장 *117*
20. 공룡의 위석(胃石) *121*
21. 공룡의 분 배설 방식 *129*
22. 공룡의 분화석 *134*
23. 박치기의 명수 파키케팔로사우루스 *140*
24. 트리케라톱스와 티라노사우루스의 사투 *143*
25. 장갑공룡의 꼬리 *148*
26. 스테고사우루스의 등돌기 *150*
27. 데이노니쿠스에게 희생된 불쌍한 테논토사우루스 *156*
28. 호기심이 화근이 된 프로토케라톱스 *161*
29. 공룡의 병 *165*
30. 피부병으로 고생한 공룡 *171*
31. 일본의 공룡 *178*
32. 공룡의 묘지는 존재하였는가 *185*
33. 인류가 처음 발견한 공룡의 알 *189*

34. 생명유지 장치를 완비한 가장 오래된 유양막란 *198*
35. 공룡 알의 구조 *205*
36. 공룡의 절멸과 이상란 *210*
37. 화석 찾기의 천재 메어리 아닝 *214*
38. 포시도니아 혈암의 어룡 *218*
39. 어룡의 법의학 *224*
40. 장폐색을 일으킨 어룡 *231*
41. 새끼를 낳았던 어룡 *235*

42. 일본에서 발견된 세계 최초의 어룡 *238*
43. 어룡의 진화 *241*
44. 데도리룡의 고향 *247*
45. 흉포한 바다도마뱀룡과 친절한 여대생 *253*
46. 낚시의 명수 타니스트로페우스 *262*
47. 거북을 닮기도 하고 닮지 않기도 한 헤노두스 *266*
48. 조개류를 먹고 살던 판치류 *271*
49. 털로 덮였던 익룡 *275*

50. 잠수의 달인(達人) 헤스페로르니스 *285*

인용 참고 문헌 *293*
찾아보기 *296*

지질 연대표

상대 연대			절대 연대	동물상	식물상
신생대	제4기	충적세	1만년 전	인류시대 (저자)	속씨식물시대
		홍적세	200만년 전		
	제3기	신제3기 플라이오세		포유류시대	
		신제3기 마이오세	2500만년 전		
		고제3기 올리고세			
		고제3기 에오세			
		고제3기 팔레오세	6500만년 전		
중생대	백악기			공룡시대	양치, 소철시대 (겉씨식물시대)
	쥐라기				
	트라이아스기		2, 3억년 전		
고생대	페름기			어류·삼엽충시대	양치, 속새식물시대
	석탄기				
	데본기				
	실루리아기				박테리아·조류시대
	오르도비스기				
	캄브리아기		5, 7억년 전		
선캄브리아대	원생대			갯지렁이, 해파리시대	
	시생대		45억년 전		

1. 만텔 의사와 이구아노돈

수많은 공룡 중에서 우리에게 가장 친숙한 것은 무엇보다 이구아노돈(*Iguanodon*)일 것입니다. 그러나 이구아노돈이라 하면 기데온 만텔이란 이름을 빼놓을 수 없습니다.

기데온 만텔은 지금으로부터 약 200여년 전, 영국의 브라이튼(영국 동남부의 두시. 영국 해협에 면한 영국 최대의 해수욕장으로, 현재 인구 20만 정도)에서 그리 멀지 않은 루이스라는 시골 마을에서 태어났습니다. 소년 시절부터 남달리 화석을 좋아했고 날카로운 관찰력을 가지고 있었습니다.

만텔은 뒤에 의학을 공부하여 루이스 마을에서 개업하였습니다. 26세 때 메어리 우드하우스라는 여성과 결혼하였습니다. 그녀는 몸집이 매우 큰 아름다운 미인이었다고 합니다. 만텔 의사는 원래 까다로운 성격이었으나 부인이 잘 보조한 덕도 있어서 의원 일은 매우 번성하였습니다. 그리하여 루이스 마을에서 몇 안 되는 명사에 속했습니다. 환자 집으로 왕진갈 때 마차를 몰고 나가, 돌아 올 때에 화석을 찾는 것이 그의 일과였습니다.

1822년, 그가 32살의 생일을 맞이한 아주 맑고 따뜻한 봄날의 일입니다. 만텔 의사는 부인과 함께 마차로 왕진하러 나갔습니다. 만텔이 진료 기구가 든 가방을 들고 총총히 환자 집으로 들어간 후 메어리 부인은 부근을 산보하고 있었습니다.

그녀는 도로에 깔기 위해 길 한쪽에 쌓아 둔 석재 중에 단단하고 검은 빛이 나는 기묘한 모양의 바위 조각이 들어 있는 것을 보았습니다. 그것이 세계 최초의 공룡(이구아노돈)의 발견이었습니다.

그 때부터 만텔 의사는 이구아노돈에 홀려서 화석 수집에 미친

왼쪽은 메어리 부인이 발견한 이구아노돈의 이.
오른쪽은 현재의 이구아나의 이(A. 차리그)*32)

듯이 열을 올렸습니다. 결국, 사랑하는 부인과도 이혼하여 일가가 흩어지고 마는 비운이 닥쳤습니다.

그런데 메어리 부인이 길가에서 발견한 기묘한 모양의 바위 조각이 바로 초식성 공룡 이구아노돈의 이(齒)로 판정난 것은 아닙니다. 그렇게 되기까지는 여러 우여곡절이 있었습니다. 만텔 의사는 그 바위 조각을 보았을 때 한눈에 무엇인가 어마어마하게 큰 미지의 파충류(爬蟲類)일 것이라고 직감하였습니다.

그는 친구를 통해, 당시 저명한 해부학자로서 고척추(古脊椎) 동물학자였던 프랑스의 퀴비에 남작에게 감정을 의뢰하였습니다. 퀴비에는 그것을 힐끗 쳐다보고 "아, 이것은 코뿔소의 앞니다"라고 일축해 버렸습니다.

만텔 의사는 그래도 꺾이지 않고, 때마침 런던에서 개최된 지질학회에 표본을 가지고 가서 많은 학자의 의견을 두루 들어 보았습니다. 반응은 대체로 물고기이라든가 "홍적세(洪積世 ; 수십 만 년 전) 때의 포유류 이인 것 같은데 그 따위에는 흥미 없소" 등 매우 차가운 반응들이었습니다. "시골 출신 풋내기가 뭘 안다고 떠들어", "당신은 의사 일이나 제대로 하시오"라고 하는 정도였습니다.

그래도 자기편은 있는 법이어서 우라스탄 박사는 "절멸한 초식성 파충류의 이라고 하는 당신의 생각은, 형상으로 볼 때 가능성이 상당히 크다"라고 하며 격려해 주었습니다. 만텔 의사가 그 후 발견한 장골(掌骨 ; 발바닥의 평평한 뼈)은 하마의 것으로, 소형 뿔 같은 화석은 코뿔소의 작은 쪽 뿔로 간주되고 말았습니다. 당시 학계를 좌지우지하던 권위자들은 만텔 의사가 일껏 발견한 화석을 보고 코웃음을 쳤습니다.

대부분의 사람들은 그쯤 해서 의기소침하여 화석을 광에다 쳐넣고 말 일이었겠지만, 만텔 의사는 완고하다고 할까 의지가 강하다고 할까 어쨌든 자신이 납득하지 못하면 견디지 못하는 인물이었습니다. 이런 연구 자세가 과학사에 남는 대발명 및 대발견의 업적을 자주 이루게 됩니다.

만텔 의사는 그때까지 채집한 이와 뼈의 화석을 갖고 당시 런던에 있던 영국 외과 의사회가 주재하던 헌테리언 박물관에 갔습니다.

거기에는 여러 동물의 골격 표본이 연구용으로 전시되어 있었습니다. 윌리암 크리프트 관장은 만텔 의사의 열성에 져서 표본 선반의 서랍을 차례로 열어서 조사했습니다. 그리고 "만텔 선생, 여기에는 당신이 가져온 이 화석과 비슷한 것은 없습니다"라고 말했습니다.

물론 날도 저물고 배도 고파서, 관장은 "휴, 가당찮은 녀석에게 잡혀 시간만 뺏겼구나"하는 생각이 들었을 것입니다.

그러나 정말 행운이라 할 수밖에 없는 일이 일어났습니다. 가는

정열적 혼을 가졌던 만텔 의사*32)   이구아노돈의 이를 우연히 발견한 만텔 의사의 부인 메어리(A. 차리그)*32)

길에 사무엘 스태치베리라는 청년을 만나게 된 것입니다. 그 청년은 남미의 이구아나(*Iguana*)에 대해 열심히 연구하고 있었습니다.

만텔 의사가 갖고 있던 이의 화석을 보고 "이것은 크기만 다를 뿐 내가 지금 다루고 있는 이구아나의 이와 같다"고 소리쳤습니다. 그리고나서 두 사람은 별실에서 이구아나의 이와 비교하여 보았는데 첫눈에 판단한 것과 조금도 다르지 않았습니다.

그 순간 메어리 부인이 발견한 기묘한 바위 조각은 1억 년 이상 옛날에 절멸한 초식성 공룡 이구아노돈의 이로 밝혀졌습니다. 현재, 이 이구아노돈은 인류가 발견한 세계 최초의 공룡으로서 확고한 위치를 차지하고 있습니다.

이구아노돈이라는 이름은 이의 생긴 모습이 이구아나와 매우 비슷하기 때문에 붙여진 이름입니다. 만텔 의사는 거기까지 도달하는데 3년의 세월을 소비하였습니다. 그러나 그것은 매우 짧은 시간에 해결된 편에 속합니다. 이 이구아노돈의 이란, 길이 5cm 미만의 두꺼운 에나멜질에 덮인 목공용 끌 같은 느낌을 주며, 전체적으로는 사다리꼴을 하고 있고, 이의 중앙에 두 줄의 굵은 선이 위에서 아래로 파져 있습니다. 이의 양쪽 가장자리에는 톱날과 같은 톱니가 늘어서 있기 때문에 날카롭지만, 육식동물과 달리 정확한 의미에서 톱날이라 할 수 있는 것은 아닙니다.

거기에 있는 많은 날은 식물의 딱딱한 섬유나 씨를 강판(薑板)과 같이 갈아 부수는 데 알맞도록 잘 적응한 섯입니다.

필자는 캐나다 앨버타 주의 브룩스라는 곳에서 나온 백악기 후기의 오리너구리룡 하도로사우루스(*Hadorosaurus*)의 이 화석을 관찰한 일이 있습니다. 이는 길이 2cm, 너비 0.5cm, 두께 0.6cm의 나뭇잎 모양의 작은 것인데, 단면은 사각형이고 표면에 두꺼운 에나멜 층을 가지고 그 중앙에 날이 길게 그어져 있었습니다. 이의 양 가장자리에 작은 톱날이 늘어서서, 메어리 부인이 발견한 이구아노돈의 이가 축소된 것 같았습니다. 지금까지의 낯익은 육식성 공룡의 이와는 전혀 달랐습니다.

일본에서는 육식성 공룡의 단검 같은 이는 인기가 있어서 잘 팔리고 학술적인 가치가 높지만, 수수한 초식성 공룡의 이는 그다지 팔리지 않아 거의 수입되지 않습니다. 그러므로 하도로사우루스의 이 화석을 입수한 것은 큰 기쁨이었습니다.

만텔 의사의 운명을 크게 뒤흔들어 놓은 이구아노돈의 이는 현재 런던에 있는 대영 박물관에 전시되어 있습니다.

이구아노돈의 발견 이후, 만텔 의사는 완전히 유명인사가 되었습니다. 집 안은 화석 천지라고 해야 할 정도였고, 가족들은 귀중한 화석이 부서지지 않도록 숨을 죽이고 생활해야만 했습니다.

메어리 부인은 남편의 화석 연구에 좋은 조수이자 이해심 깊은 동료였습니다. 그림도 전문가가 무색할 정도로 능숙하였기 때문에 만텔 의사의 출판물 삽화는 모두 그녀가 그렸습니다. 그러나 더이상 참기 어려운 상태가 되자 메어리 부인은 "당신이란 사람은 나보다도 화석을 더 사랑하는군요" 하며, 아이를 데리고 집을 나가 버리고 말았습니다.

메어리 부인을 인정이 없다고 하는 사람이 있으나 필자는 전혀 그렇게 생각하지 않습니다. 그 때까지 잘 참았던 것으로 생각됩니

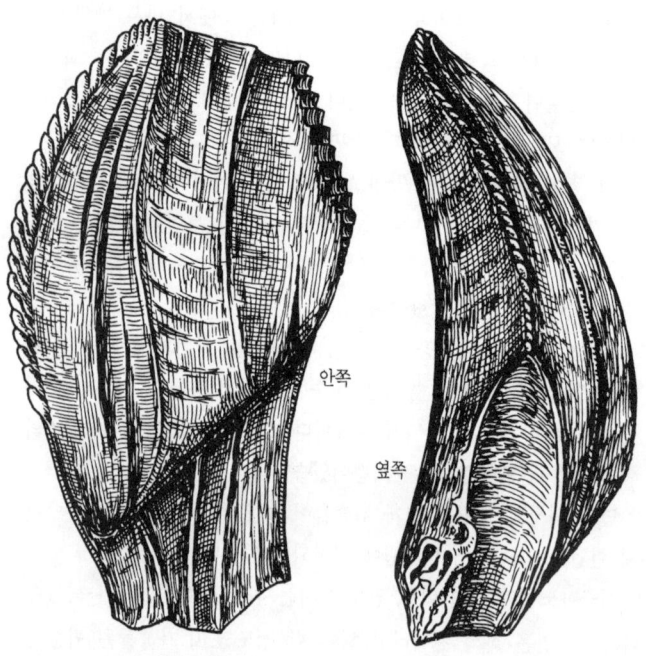

두꺼운 끌 같은 이구아노돈의 이. 길이 5cm, 두께 2-3cm[G.A. 만텔의 그림을 고쳐 그림]

1. 만텔의사와 이구아노돈 19

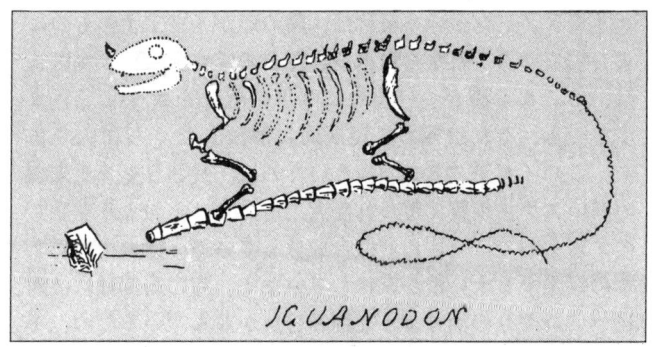

만텔 의사가 그린 이구아노돈의 복원도. 앞다리의 엄지 발가락 발톱은 코뿔소같이 머리에 붙어 있다. 다리 아래의 가늘고 기다란 뼈는 무엇을 의미하는지 이해하기 어렵다(A. 차리그)*32)

다. 만텔 의사는 메어리 부인의 내조 덕으로, 세계 최초의 공룡 발견자로서의 명예를 독점하였기 때문입니다.

만텔 의사가 복원한 이구아노돈은 네 다리를 땅 위에 붙여서 걷고 있는데, 머리 위의 작은 뿔이 돋보입니다. 그러나 현재 공룡 책에 나와 있는 이구아노돈의 복원도와는 전혀 다릅니다. 그것은 불완전하기 이를 데 없는 단편적인 골격 표본으로 그렸기 때문에 당연한 결과로 생각합니다. 일반적으로 공룡의 정확한 복원은 전신 골격이 발견되고 나서야 가능합니다.

2. 1억 년 전의 마(魔)의 협곡

미인인 부인보다 이구아노돈을 사랑한 남자, 만텔 의사가 죽고 나서 26년이 지난 1878년에 프랑스 국경 가까운 벨기에령의 작은 탄광촌 베르니사르에서 놀랄 만한 뉴스가 전해져 왔습니다. 엄청난 양의 괴물의 뼈가 첩첩 쌓여서 묻혀 있다고 하는 내용이었습니다.

카보네이지 드 베르니사르 탄광이 사업을 확장하려고 새로운 갱도를 파들어 갈 때, 지하 332미터에서 광부가 커다란 화석 뼈에 마주친 것이 발단이었습니다. 물방울이 끊임없이 방울방울 떨어지는 좁은 갱도에서, 어슴프레한 램프 불에 바위 사이로부터 공룡의 화석 뼈가 희미하니 나타나는 모습은 마주선 사람에게 갑자기 1억 년 이상의 옛날로 되돌아간 듯한 전율을 느끼게 하였을 것입니다.

화석 발견은 곧바로 벨기에 왕립 자연사 박물관에 알려졌습니다. 거기서 고척추 동물학을 담당하고 있던 판 베네단 박사는 현장에 도착하여 보자마자 이구아노돈의 뼈인 것을 알아냈습니다.

즉시 베르니사르 탄광에 중역 회의가 열렸습니다. 그 결과, 지질학자 도 포 씨의 지휘로 9명의 숙련된 광부를 3년간 이구아노돈 발굴에 전념시키도록 하는 결정이 나왔습니다. 그 때 발굴에 참여하였던 한 광부의 손자가 아직 살아 있습니다. 그는 "할아버지에게서 이구아노돈 발굴 얘기를 자주 들었습니다. 어쨌든 귀중한 것이므로 주의깊게 취급하라는 회사의 명령이라 몹시 긴장하였다고 합니다"라고 방문한 사람에게 그리운 듯이 전했습니다.

제2차 갱도를 파내고, 깊이 365미터에서 다시 또 산더미 같은 이구아노돈 뼈에 마주쳤습니다. 이구아노돈 뼈의 분포와 지질 구조

2. 1억 년 전의 마(魔)의 협곡 21

1억 년 전, 무서운 마의 협곡에 거꾸로 떨어지고 있는 이구아노돈. 뒤에 베르니사르의 이구아노돈으로서 세상에 등장하였다〔우라모토(浦本)의 그림을 고쳐 그림〕

를 자세히 조사하여 도표상으로 기록한 결과, 이구아노돈의 뼈는 석탄층을 수직으로 관통하고 있는, 좁은 격막을 메우고 있는 점토층 속에 묻혀 있었습니다.

그 곳은 1억 년 전의 협곡 바닥에 해당됩니다. 거기에서 이구아노돈 외에 악어, 거북, 8종류 이상의 담수성 경린어(硬鱗魚), 원시적인 매미, 솔방울, 양치 식물 등의 화석이 발견되었습니다.

3년의 세월에 걸쳐 발굴된 이구아노돈의 유해는 모두 31구였습니다. 이구아노돈의 뼈는 황철광(pyrite)으로 덮여 햇빛에 반짝반짝 황금색 빛으로 빛났습니다.

지상에 끌어 올려진 화석은 엄중하게 포장되고, 말 37마리가 끄는 마차로 수도 브뤼셀까지 신중하게 옮겨져 학술 연구 자료로서 무료로 국가에 증정되었습니다.

그러나 당시 벨기에 정부 공무원들은 베르니사르 탄광의 호의에 대해 오히려 벌금을 가했습니다. 그 이유는, 원래 탄광이란 석탄을 캐는 곳인데 누가 부탁한 일도 없는데도 얼토당토않은 공룡의 화석을 파냈기 때문이라는 것이었습니다.

필자도 공무원들의 한 사람이지만, 공무원의 융통성 없는 머리란 1세기 전이나 지금이나 크게 다를 바 없습니다. 또 귀중한 이구아노돈 화석을 외국에 팔아 돈을 벌려는 계획을 세운 정치가도 있었다고 하니, 어이없어서 벌어진 입이 다물어지지 않습니다.

베르니사르의 이구아노돈 유해는 모두 관절이 단단히 연결되었고, 그 중에는 다른 데서는 없어진 힘줄까지 훌륭하게 보존되어 있는 것도 적지 않았습니다. 이 사실은 이구아노돈 사체가 어딘가 먼 곳에서 흘러와 웅덩이에 가라앉아 형성된 화석이 아니라는 것을 의미합니다.

먼 곳에서 흘러왔을 때는 상당히 부패되었기 때문에 관절이 산산이 흩어지거나 없어진 뼈가 많아서, 복원에 매우 많은 시간이 필요합니다.

부패하여 체내에 가스가 찬 브론토사우루스(*Brontosaurus*)의 사체가 떴다 가라앉았다 하면서 강의 모래톱에 걸려 화석이 된 것

2. 1억년 전의 마(魔)의 협곡 23

벨기에 수도 브뤼셀의 왕립 자연사 박물관에 전시되어 있는
이구아노돈의 골격 표본(A. 차리그)*32)

은 사체 방향에 따라 보존 방식에 상당한 차이가 나타납니다. 능숙한 고생물학자는 뿔뿔이 흩어져 있는 유해를 한번 보기만 해도, 당시 브론토사우루스의 몸 오른쪽 뼈가 없어졌다거나 사체가 어느쪽으로 누워 있었고, 어떤 뼈가 물살로 위치가 변하였고, 어떤 뼈가 물에 쓸려 갔는지 압니다.

당시 베르니사르의 이구아노돈은 살기 좋은 건조한 대지에 무리를 짓고 한가로이 소철 열매나 잎을 먹고 있었을 것입니다. 그 곳에 메갈로사우루스(*Megalosaurus*) 같은 무서운 육식성 대형 공룡이 숨을 죽이고 다가온 것은 아닐까요.

놀란 이구아노돈 무리는 일제히 폭주하기 시작하였을 것이고, 그들 앞에는 아찔한 깊은 협곡이 입을 벌리고 있었을 것입니다. 거기에 이구아노돈 무리가 눈사태와 같이 떨어졌겠지요. 어둡고 푸른

물이 가득한 협곡의 두꺼운 진흙 바닥으로 떨어진 이구아노돈 무리는, 그대로 진흙에 빠져서 질식사해 버려 화석으로 우리에게 나타난 것이 틀림없습니다.

베르니사르의 이구아노돈 골격은 11마리가 완전히 조립되고, 다른 20마리는 발굴 당시의 자세 그대로 누워 있습니다. 그것은 현재 브뤼셀에 있는 벨기에 왕립 자연사 박물관의 인기 관람물입니다. 이구아노돈의 골격 표본이 유리로 덮은 특별실에 빽빽이 늘어서 있는 모습은 장관입니다.

흉포한 육식성 공룡 메갈로사우루스
(L.B.홀스테드의 그림을 고쳐 그림)

3. 이구아노돈의 정체 25

 다행히 1985년 여름, 벨기에 정부의 특별 계획으로 이들 이구아노돈이 일본에서 공개되어 많은 사람의 인기를 모았습니다.
 만약 만텔 의사가 현대에 다시 살아나서 기묘한 운명을 수많이 겪은 이구아노돈을 보고 대체 무슨 말을 할까 생각하면 실로 감개무량합니다.

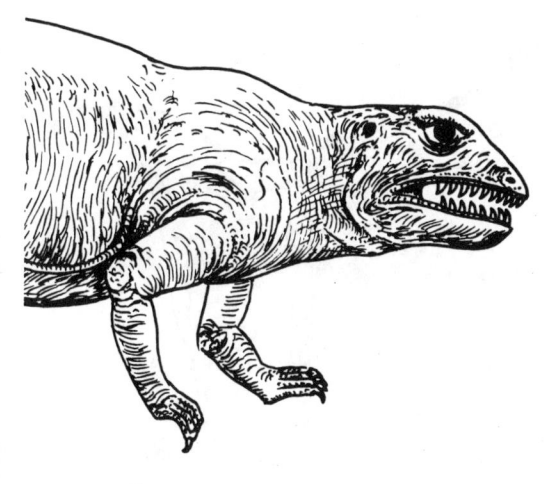

3. 이구아노돈의 정체

어두운 마의 협곡에 떨어진 이구아노돈은 불쌍할 뿐입니다. 그러나 완전한 유해 덕분에 비로소 이구아노돈을 정확하게 조사 복원

꼬리를 꼿꼿하게 세우고 땅위를 달리는 이구아노돈(헤일루만의 그림을 고쳐 그림)

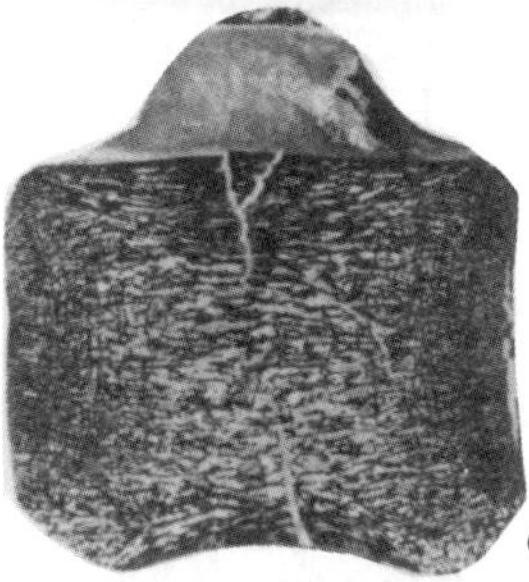

3. 이구아노돈의 정체   27

영국의 와이트섬(백악기 전기. 약 1억 2천만 년 전)산(産)의 이구아노돈의 꼬리 추골(推骨). a는 추골 측면, b는 관절면, c는 종단면. 해면골질(海綿骨質)의 모습을 잘 알 수 있다. d는 해면골질의 횡단면. 주먹 정도의 크기

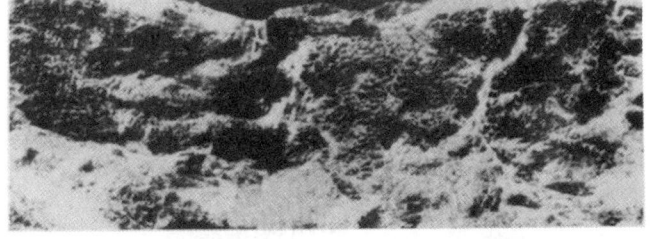

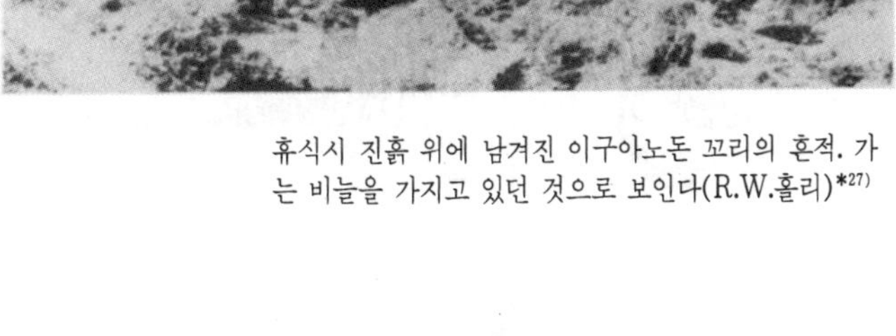

휴식시 진흙 위에 남겨진 이구아노돈 꼬리의 흔적. 가는 비늘을 가지고 있던 것으로 보인다(R.W.홀리)[27]

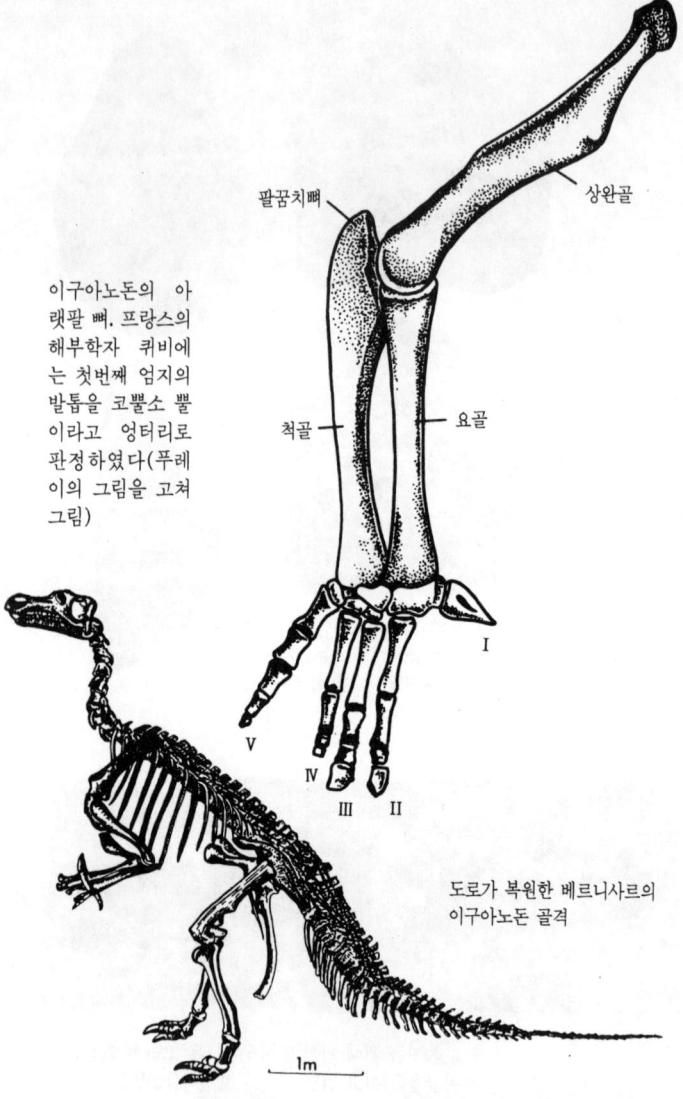

이구아노돈의 아랫팔 뼈. 프랑스의 해부학자 퀴비에는 첫번째 엄지의 발톱을 코뿔소 뿔이라고 엉터리로 판정하였다(푸레이의 그림을 고쳐 그림)

도로가 복원한 베르니사르의 이구아노돈 골격

3. 이구아노돈의 정체

베르니사르의 이구아노돈 골격
(E.카지엘)*27)

습니다.

영국 도버 해협에 면하고 있는 멋있는 항구 사우덤프턴(Southampton) 앞바다의 작은 와이트(Wight) 섬에서 많은 이구아노돈 할 수 있게 되어서 길이 5~9미터, 무게 4톤 정도의 두 다리로 걷는 조반류(鳥盤類;새와 같은 골반을 가진 공룡의 무리)로 밝혀졌 뼈와 발자국 화석이 발견되었는데, 네 다리로 걸은 흔적도 있습니다.

이구아노돈의 정체는 프랑스의 저명한 고생물학자 루이 돌로 박사의 공적으로 밝혀졌습니다. 돌로 박사는 짧은 논문을 쓰는 것으로도 유명합니다. 지금 남아 있는 논문은 거의 간결조로 써 있거나 메모라고 할 정도입니다.

그것은 돌로 박사의 머리가 나빴기 때문이 아닙니다. 긴 논문을 놓고 며칠 동안 꼼짝 않고 생각하여 될 수 있는 한 간결하게 만들었기 때문입니다. 퀴비에 남작이 이구아노돈 머리의 뿔이라고 생각한 것은 사실은 앞다리 엄지 발가락의 스파이크였던 것으로 밝혀졌습니다.

그 때까지 이구아노돈은 외부의 적에 대해 아무런 유효한 방어수단도 없던 것으로 생각되고 있었습니다. 이구아노돈의 엄지발가락 스파이크는 습격하여 오는 육식성 공룡의 눈알을 찌르기 위한 강력한 무기였습니다.

그러나 당시의 메갈로사우루스 같은 대형 육식성 공룡에게 효과가 있었는지는 의문입니다. 31마리에 달하는 이구아노돈의 유해가 동일 지역에서 발견된 것은 이구아노돈이 무리를 지어 생활한 것을 의미합니다.

그러나 새끼의 유해는 전혀 없었습니다. 따라서 암컷 무리가 새끼를 데리고 수컷과는 별도로 생활한 것 같습니다. 이렇게 '공룡의 사회 생활'의 일부분을 알 수 있는 것은 흥미있는 일입니다. 이구아노돈 턱 끝에는 이가 없었고, 안쪽에 끌과 같은 이가 치밀하게 늘어서 있습니다.

이것은 이구아노돈이 주둥이로 소철 잎이나 속새 줄기를 끊어서 안쪽 이로 잘게 씹어 부수었던 것을 나타내고 있습니다. 그러므로 이구아노돈은 입을 크게 벌릴 수 없었습니다. 만약 입을 크게 벌려서 끌과 같은 이 사이가 드러나면 일껏 뜯어 씹은 먹이가 이 사이로 빠져 나갔을 것입니다. 오리너구리룡은 주둥이가 대형으로 커졌습니다. 이구아노돈은 오리너구리룡의 선조에 가깝습니다.

1979년에 북아메리카의 몬태나 주에서 발견된 백악기 후기의 마이아사우라(*Maiasaura*)라는 이름의 오리너구니룡이 있습니다. 'Maia'란 '새끼 잘 돌보는 어미'라는 의미로, 흙으로 분화구 같은 보금자리를 쌓아서 새끼를 키우고 있었습니다. 그것은 암컷으로 추정

3. 이구아노돈의 정체 *31*

되고 있습니다.

공룡은 번식기 외에는 암수가 따로따로 생활했던 것 같습니다. 이것은 사실일 것입니다.

보금자리의 새끼에게 먹이를 주는 오리너구리룡 마이아사우라('새끼 잘 돌보는 어미')(히사 쿠니히코의 그림을 고쳐 그림)

4. 가장 오래된 공룡 테코돈트

트라이아스기에 출연한 테코돈토사우루스(테코돈트의 일종으로 최초의 초식성 공룡)(L.B.홀스테드의 그림을 고쳐 그림)

가장 오래된 공룡은 테코돈트(*Thecodont*)라고 할 수 있습니다. 테코돈트란 턱뼈에 이가 들어 가도록 오목하게 파인 치조(齒槽)가 있는 일군의 파충류입니다. 이름이 종류를 나타내는 테코돈트(槽齒類)로 사용되고 있습니다.

테코돈트는 트라이아스기 초(2억 2500만 년 전)에 출현하였습니다. 탄탄한 네 다리를 가진 공룡으로, 현재의 악어와 같이 물 속에서 먹이를 찾는 육식성 동물이었습니다. 테코돈토사우루스(*Thecodontosaurus*)는 테코돈트의 일종이지만 초식성입니다.

테코돈트는 대부분 날카롭게 솟은 이를 가졌고, 가끔 뭍에 올라와 돌아다녔습니다. 당시, 일대 세력을 자랑하고 있던 둔하고 굼뜬 수형류(獸形類)(106쪽)를 점점 축출하여 버렸습니다.

4. 가장 오래된 공룡 테코돈트

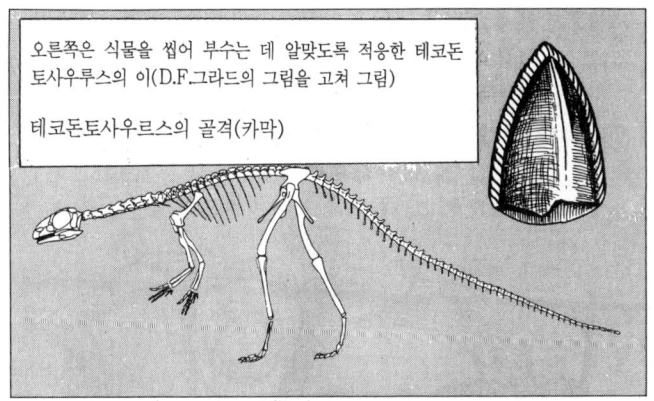

오른쪽은 식물을 씹어 부수는 데 알맞도록 적응한 테코돈토사우루스의 이(D.F.그라드의 그림을 고쳐 그림)

테코돈토사우르스의 골격(카마)

 남아프리카에서 발견된 에우파르케리아(*Euparkeria*)는 길이 1미터가 될까 말까 한 작은 것이었습니다. 네 다리로 걸으면서 뒷다리로 설 수도 있었던 것으로 보입니다. 눈과 코 사이의 큰 홈은 염분 비선이 있던 자리로, 에우파르케리아가 일찍부터 바닷가나, 바닷물이 들어오는 석호(潟湖) 같은 데서 생활하였던 것을 의미합니다. 스코틀랜드의 에르긴이라고 하는 채석장에서 나온 오르니토수쿠스(*Ornitho-suchus*)는 길이 2미터, 무게 50킬로그램으로 몸의 표면은 골질판으로 덮여 있습니다.

 골질판은 서로 떨어져 있었기 때문에 몸을 굽히고 펴는 데는 지장이 없었습니다. 발달한 뒷다리로 서서 단검같이 생긴 이와 강한 턱근육으로 수형류를 습격하여 고기와 내장을 으드득으드득 정신없이 씹어 먹는 마치 '서서 다니는 악어' 같았습니다. 현재는 오르니토수쿠스('새 모양의 악어')야말로 가장 오래된 육식성 공룡으로 생각되고 있습니다. 뒤에 오르니토수쿠스에서 알로사우루스(*Allosaurus*)나 메갈로사우루스(*Megalosaurus*) 같은 용반류(龍盤類)의 대형 육식성 공룡이 생겨났습니다.

중후한 오르니토수쿠스가 위세를 떨치고 있던 때 민첩하게 모래 땅이나 초원을 달리던, 가늘고 긴 앞다리와 자유로이 움직이는 세

남아프리카 트라이아스기 지층에서 나온 에우파르케리아의 머리뼈. 화살표는 염분조절장치로 생각되고 있는 틈(A. 차리그의 그림을 고쳐 그림)

트라이아스기 초기(2억 2500만년 전)의 공룡의 선조 에우파르케리아(L.B.홀스테드의 그림을 고쳐 그림)

4. 가장 오래된 공룡 테코돈트

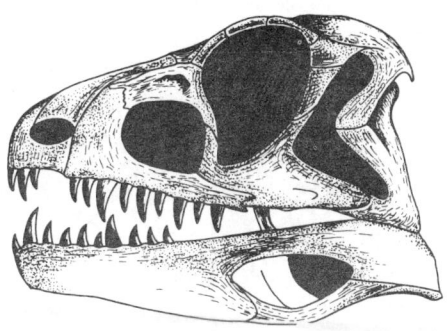

영국의 에르긴에 있는 채석장(트라이아스기 후기, 지금으로부터 약 2억 년 전)에서 나온 오르니토수쿠스의 머리뼈(A.D.월커의 그림을 고쳐 그림)

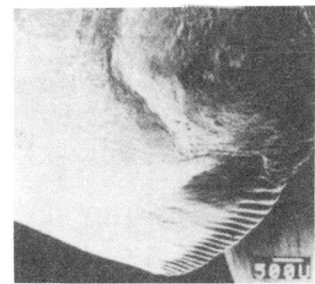
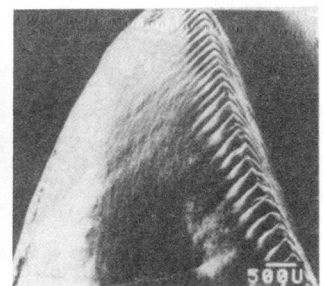

트라이아스기의 오르니토수쿠스에 가까운 동물의 이. 뒤의 육식성 공룡에 널리 보여지는 톱과 같은 골이 이미 존재하였다

최초의 육식성 공룡 오르니토
수쿠스(L.B.홀스테드의 그림을
고쳐 그림)

발가락의 발톱을 가진 실로피시스(*Coelophysis*)가 있었습니다. 몸은 홀쭉하고, 긴 꼬리는 몸의 균형을 잡는 역할을 하였습니다.

새 부리를 연상시키는 턱 안쪽에는 예리하고 가는 이가 늘어서 있었고, 곤충이나 갓 태어난 공룡 새끼를 잡아먹곤 했습니다. 때로는 산란장을 뒤집어 놓는 일도 있었겠지요. 그래서 민첩하지 않으면 안 되었습니다.

필자는 캐나다의 앨버타 주에 발달한 백악기 후기 지층에서 나온 길이 15밀리미터, 넓이 5밀리미터 정도의 끝이 날카로운 작은 이의 화석을 조사한 일이 있습니다. 그것은 실로피시스의 자손에 해당되는 사우로르니토이데스(*Saurornithoides*) 무리의 이입니다. 이 양쪽에 톱날같이 깔깔한 날이 발달하였고, 에나멜질 표면에 불규칙하게 파여 그어진 작은 홈자리가 여럿 있었습니다.

그것은 필자가 전에 고르고사우루스(*Gorgosaurus*) 이에서 관찰한 홈과 매우 비슷하였습니다. 이로 볼 때, 실로피시스 무리는 사체

4. 가장 오래된 공룡 테코돈트

트라이아스기의 민첩한 공룡 실로피시스
(L.B.홀스테드의 그림을 고쳐 그림)

의 배를 주둥이로 찍어서 먼저 내장을 먹고, 뼈에 붙어 있는 고기 조각도 갉아먹어 영양원으로 한 것으로 생각됩니다.

이 표면의 홈은 늑골과 같은 뼈를 깨물었을 때 생겼을 것입니다. 또, 작은 도마뱀이나 갓 태어난 공룡 새끼도 제대로 된 뼈를 갖고 있었기 때문에 깨물어 부수는 데 힘이 들었을 것으로 생각됩니다. 그 때 영양가가 높은 골수도 먹었을 것입니다.

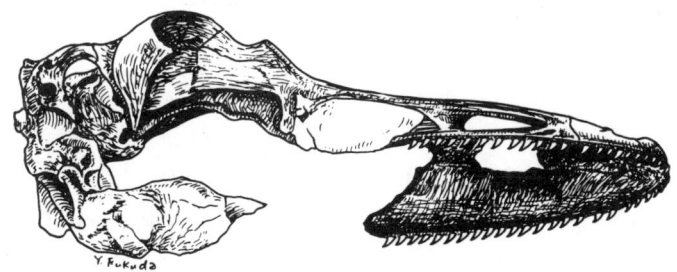

고비 사막에서 발견된 조류와 닮은 사우로르니토이데스의 머리뼈

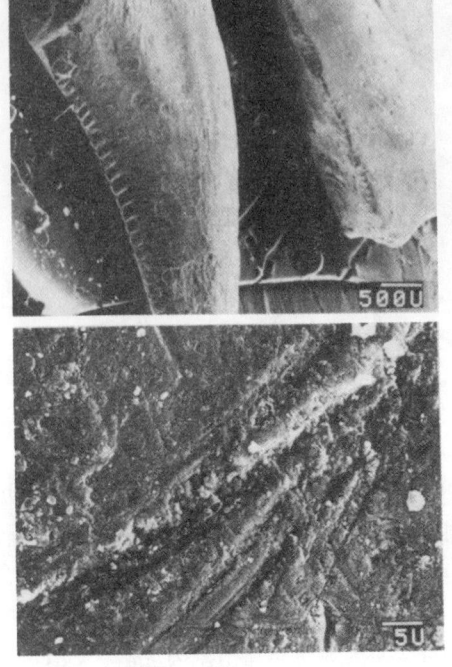

캐나다의 앨버타 주에 발달한 백악기 층에서 발견된 조류에 가까운 사우로르니토이데스의 이 (위). 아래는 이의 표면에 생긴 긁혀진 선. 이는 먹이를 물어 뜯을 때 생겼을 것이다 (U는 미크론)

조류는 실로피시스류에서 분화되었다고 생각되고 있습니다. 실제로 고비 사막의 백악기 후기 지층에서 파낸 사우로르니토이데스의 턱뼈는 새의 턱뼈와 똑같아서 만약 이가 없다면 새 턱의 화석이라고 하여도 믿지 않을 수 없을 정도입니다.

시조새(始祖鳥)야말로 조류의 직계라는 설이 있으나 오스트롬의 말과 같이 시조새는 단지 새와 같은 깃털을 지닌 도마뱀에 지나지 않습니다.

시조새에 대해 연구할수록 시조새는 새에서 멀어지게 됩니다. 사

4. 가장 오래된 공룡 테코돈트

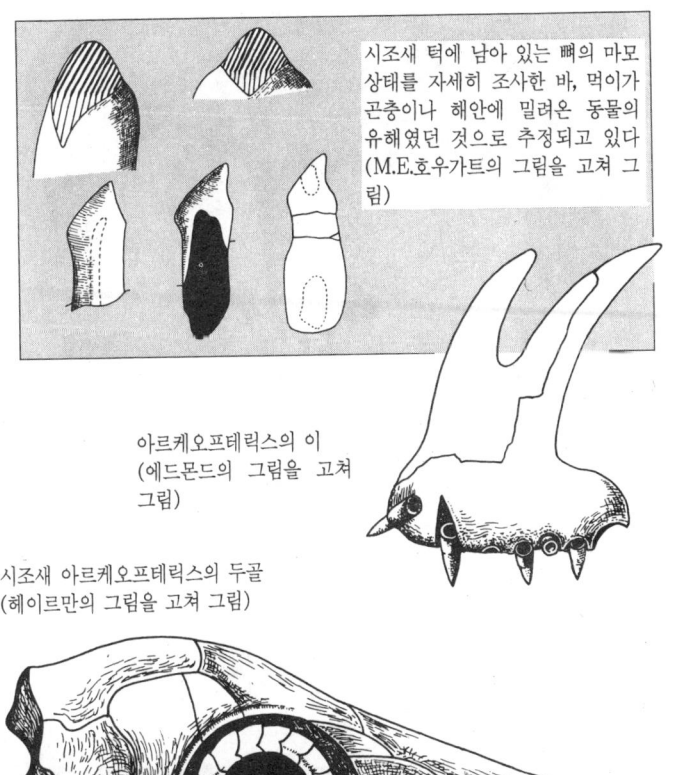

시조새 턱에 남아 있는 뼈의 마모 상태를 자세히 조사한 바, 먹이가 곤충이나 해안에 밀려온 동물의 유해였던 것으로 추정되고 있다 (M.E.호우가트의 그림을 고쳐 그림)

아르케오프테릭스의 이
(에드몬드의 그림을 고쳐 그림)

시조새 아르케오프테릭스의 두골
(헤이르만의 그림을 고쳐 그림)

트라이아스기의 소택지에서 식물을 먹고 생활하고 있던 수형류
(獸形類) 리스트로사우루스(L.B.홀스테드의 그림을 고쳐 그림)

우로르니토이데스류는 조류와 매우 비슷한 중이골(中耳骨)을 가지며, 중이(가운데귀)의 두골에 접속하는 부분에 공동(空洞)이 있습니다. 거기에는 림프액이 고여 있고, 정교한 평형기(平衡器)가 존재하였을지도 모릅니다.

초식성 공룡은 역시 트라이아스기 초기에 육식성 공룡으로부터 분화되어 왔습니다. 트라이아스기 후기에 세계적으로 분포하고 있던 테코돈토사우루스는 가장 오래된 초식성 동물로서, 날카로운 단검 같은 이는 가장자리에 톱날 같은 결절(結節)을 많이 가진 소형의 이로 변하였습니다.

어떻게 하여 육식에서 초식으로 바뀌어 갔을까요. 그것은 테코돈

4. 가장 오래된 공룡 테코돈트 *41*

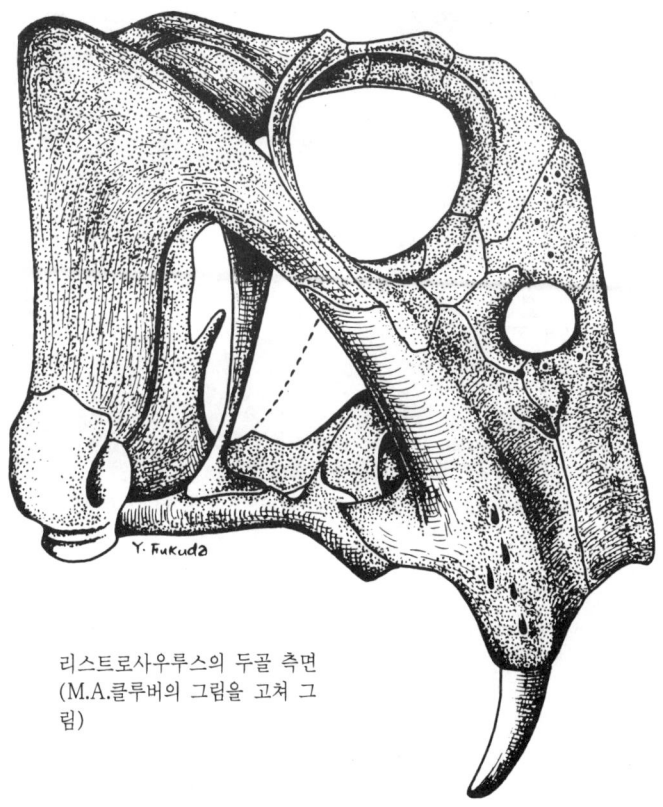

리스트로사우루스의 두골 측면
(M.A.클루버의 그림을 고쳐 그
림)

토사우루스가 별로 민첩하게 돌아다니지 못한 점, 움직임이 둔한 수형류 예로서 리스트로사우루스(*Lystrosaurus*) 같은 것은 거의 오르니토수쿠스의 선조에 잡혀 먹히고 만 점, 가끔 어쩌다 얻게 된 고기라고 하여도 이미 육식성 공룡이 좋은 부위는 먹어 버린 사체가 대부분으로 많은 경우 사체는 풀 위에 놓여 있어서 뼈에서 얼마 안되는 고기를 갉아먹을 때 주위의 풀도 함께 묻어 들어가 먹게 된

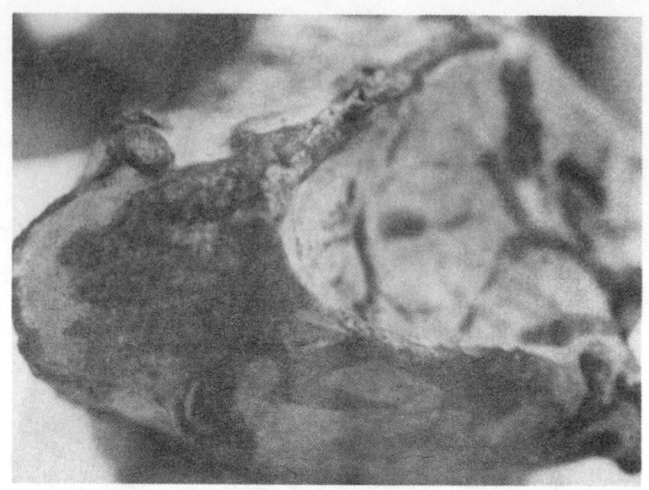

남아프리카 페름기산(産)의 수형류 리스트로사우루스의 머리뼈. 사진은 아래쪽을 나타낸다. 한 쌍의 커다란 이가 보인다

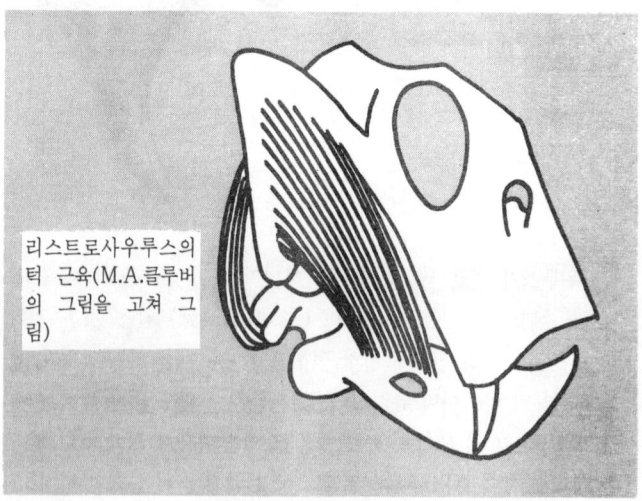

리스트로사우루스의 턱 근육(M.A.클루버의 그림을 고쳐 그림)

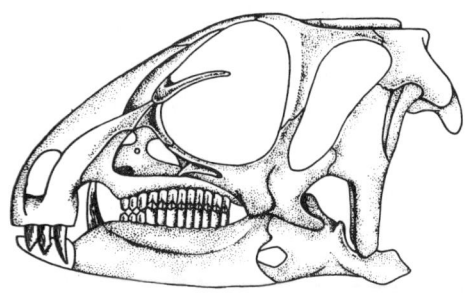

육식성에서 조식성으로 변하고 있는 헤테로돈토사우루스
('이상한 이를 가지고 있는 도마뱀'이라는 의미)의 머리뼈. 아프리카 트라이아스기 후기산(產)(A.차리그의 그림을 고쳐 그림)

점, 그래서 풀이 역겹지 않게 되어 점차 잡식성이 되고 드디어 언제나 식물을 먹을 수 있을 만큼 익숙해졌다는 점 등을 들 수 있습니다.

또 하나의 가설로서는 마침 초식형 수형류를 잡아서 정신없이 부드러운 내장을 먹을 때 먹이의 위 속에 들어 있던 풀잎이나 열매가 고기 조각과 함께 입으로 들어가 점차 잡식성으로, 그리고 초식성으로 변하였다고 하는 설이 있습니다.

육식에서 갑자기 초식으로 바뀔 수 없는 중요한 이유가 하나 있습니다. 그것은 딱딱한 섬유질의 식물보다 고기가 훨씬 소화되기 쉬운 점입니다. 식물을 소화하기 위해서는 특별히 강한 소화 효소가 필요합니다.

그래서 소화 효소를 얻기 위한 준비 기간이 있어야 합니다. 잡식성 시대는 초식성으로 바뀌기 위한 준비 기간에 해당됩니다. 필자의 이 가설을 지지하는 화석이 있습니다. 즉, 헤테로돈토사우루스(*Heterodontosaurus* ; '이상한 이를 가진 도마뱀'이라는 뜻)의 화석입니다. 헤테로돈토사우루스는 턱 앞쪽에 육식성 공룡 모습의 예리한 이와, 뒤쪽에 초식성 이구아노돈과 같이 두꺼운 에나멜질로 덮인 끌과 같은 이를 가진 소형의 조각목(鳥脚目)입니다. 이 헤테로돈토사우루스야말로 잡식성에서 초식성으로 바뀌는 과도기를 나타내고 있는 중요한 화석으로 볼 수 있습니다.

그러나 이는 어디까지나 조각목의 탄생에 불과합니다. 뒤에 헤테로돈토사우루스에서 여러 타입의 오리너구리룡이 출현하였습니다.

초식성 공룡으로 진화한 것들 중의 주류는 역시 데코돈토사우루스로 볼 수 있습니다. 여기에서부터 뇌룡(雷龍) 브론토사우루스(*Brontosaurus*)나 브라키오사우루스(*Brachiosaurus*) 같은 초중량

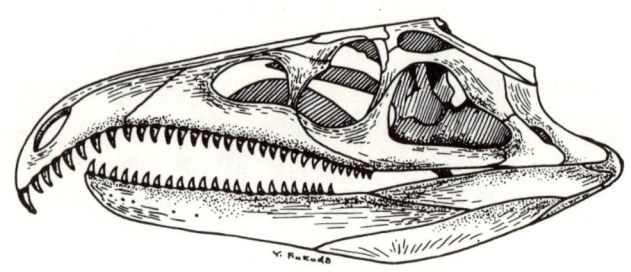

카스마토사우루스의 두골(브로일리아와 슈레데의 그림을 고쳐 그림)

아프리카 트라이아스기산(產)의 카스마토사우루스(슈레더의 그림을 고쳐 그림)

4. 가장 오래된 공룡 테코돈트 45

급의 초식성 공룡이 탄생하였습니다. 대형 초식성 공룡은 용반류(龍盤類: *Saurischian*) 중 용각목(龍脚目: *Sauropodomorphs*)에 해당됩니다.

그럼, 눈을 아시아로 돌려 봅시다. 중국 대륙의 트라이아스기 전기에서 중기에 걸친 지층에서 다케이치 악어와 같은 모습을 하고

플라테오사우루스의
두골(W.그레고리의
그림을 고쳐 그림)

중국 후난성에서 나온 트라이아스기 중기의 대형
조치류 로트사우루스 등에 커다란 돌기를 갖고
있다(중국 공룡전에서)

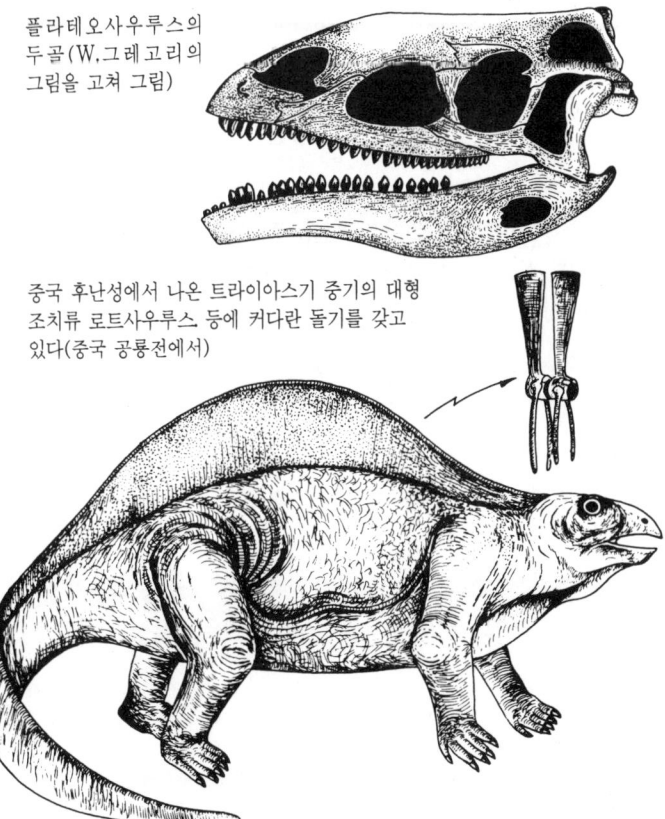

있고, 코 끝이 숫연어와 같이 안쪽으로 굽은 2미터 정도의 카스마토사우루스(*Chasmatosaurus*), 로트사우루스(*Rotsaurus*), 난찬고사우루스(*Nanchangosaurus*), 샨시악어(*Shansisuchus*) 등의 테코돈트 무리가 이어서 나왔습니다.

루펜고사우루스(*Lupuengosaurus*)는 트라이아스기 유럽에서 번성한 플라테오사우루스(*Plateosaurus*)와 매우 가깝습니다. 그 중에서도 몸길이 3미터에 이르는 로트사우루스는 등뼈 돌기가 매우 커져서 위로 늘어났으며, 방어보다는 방열(放熱) 기능으로 진화하는 과정으로 생각됩니다.

잘 발달한 사지와 평평한 발가락 뼈는 로트사우루스가 습지대도 잘 걸어다녔던 것을 나타냅니다. 작은 머리 앞쪽에 각질의 주둥이(부리)를 가지며, 이는 없어졌습니다. 로트사우루스는 호소 지대에 살고 있던 식물을 가위 같은 각질의 주둥이로 절단하여 씹어 먹었을 것입니다.

5. 공룡의 미라 화석

미라라면 피라미드의 지하 깊이 잠자고 있는 고대의 왕이 생각 날 것입니다. 헝겊으로 칭칭 감긴 미라가 날뛰는 공포영화도 있지 만 모두 인간 미라의 이야기입니다.

가장 대표적인 오리너구리 룡 아나토사우루스

오리너구리룡 아나토사우루스의 두골을 윗쪽에서 본 것(룰과 라이 트)*31)

오리너구리룡의 근육 복원도
(룰과 라이트의 그림을 고쳐 그림)

미라화한 오리너구리룡의 복강
(루카스의 그림을 고쳐 그림)

5. 공룡의 미라 화석

오리너구리룡 아나토사우루스의 미라 화석에 남은 피부 흔적. 몸쪽의 것이다. 가는 비늘형 구조가 보인다. 오른쪽 위는 일부를 확대한 것이다(오스본)[*31]

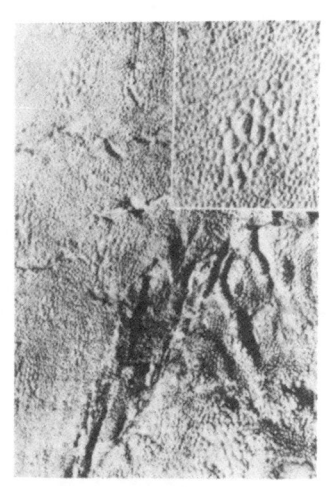

오리너구리룡 아나토사우루스의 미라 화석의 배쪽 비늘. 몸의 다른쪽보다 비늘이 크다(오스본)[*31]

오리너구리룡 아나토사우루스의 미라 화석의 앞다리. 발가락 사이에 물갈퀴 같은 피부가 보인다. 오른쪽은 안쪽, 왼쪽은 바깥쪽(룰과 라이트)[*31]

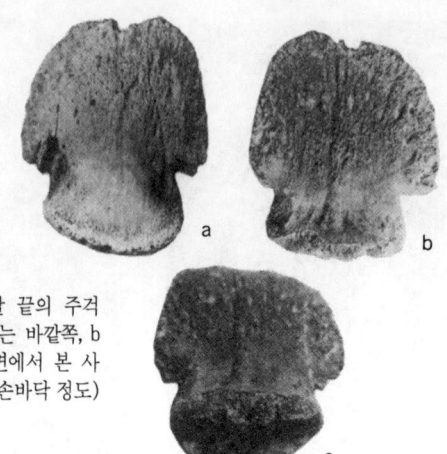

오리너구리룡의 앞발 끝의 주걱형이 된 발가락뼈. a는 바깥쪽, b는 안쪽, c는 관절 면에서 본 사진이다(크기는 아기 손바닥 정도)

실은 공룡에게도 미라화한 화석이 있습니다. 그것은 공룡 사냥꾼 스탠버그 부자가 발견하였습니다. 지금으로부터 약 80년 전입니다. 미국 와이오밍 주에도 어느덧 봄이 찾아 와 울퉁불퉁한 바위산에 사랑스런 꽃이 피기 시작하던 때입니다.

아버지 스탠버그와 세 아들은 하루의 긴 작업을 끝내고 캠프로 돌아왔습니다. 스탠버그 부자는 공룡의 화석을 발굴하여 비싸게 사주는 박물관에 팔아 생계를 유지하고 있었습니다. 목표로 하는 공룡의 화석을 파내지 못하면 그 날의 생활도 곤란하게 됩니다.

캠프에 돌아온 일동은 식은 커피를 마시고 나서 옆으로 누워 자루 안을 보니 싹난 감자뿐이라 쳐다보기도 싫어졌습니다. 아버지와 아들 찰스가 "마을에 가서 무엇인가 맛있는 것이라도 사 갖고 오자", "이런 감자만으로는 몸이 견디질 못해"라고 하며 200킬로미터쯤 떨어진 라스크 마을까지 마차로 나갔습니다. 당시는 자동차가

5. 공룡의 미라 화석

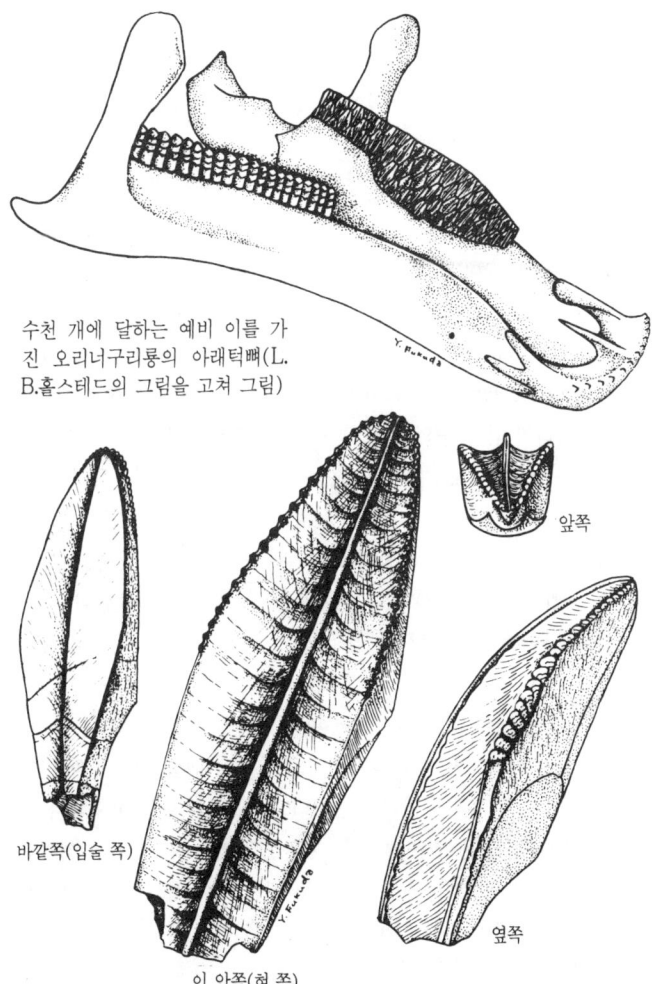

수천 개에 달하는 예비 이를 가진 오리너구리룡의 아래턱뼈(L. B.홀스테드의 그림을 고쳐 그림)

앞쪽

바깥쪽(입술 쪽)

이 안쪽(혀 쪽)

옆쪽

새끼 손가락 끝 정도의 오리너구리룡의 이. 이것이 포석과 같이 빈틈없이 **빡빡하게** 들어차 있다

없었기 때문에 두 사람이 돌아올 때까지 2~3일 걸립니다. 지금 같으면 자동차로 하루에 돌아올 거리입니다.

남은 두 아들은 그 사이 앉아만 있었던 것은 아닙니다.

장남인 조지가 발견한 오리너구리룡을 동생 레비와 함께 파 보기로 하였습니다. 백악기 후기의 딱딱한 사암에서 튀어 나온 늑골 주변의 바위를 파 가니 누운 자세의 오리너구리룡의 전신 골격이 모습을 나타냈습니다.

뼈 표면에 가는 비늘로 덮인 피부가 남아 있었습니다. 그것은 예상하지 못했던 오리너구리룡 아나토사우루스 아네크텐스(*Anatosaurus annectens*)의 미라 화석이었습니다. 그 후 스탠버그 부자는 또 한 마리의 같은 종의 미라 화석을 발견하였습니다.

조지가 발견한 표본은 현재 뉴욕에 있는 자연사 박물관에 전시되고 있습니다. 다른 한 마리는 독일 프랑크푸르트에 있는 젠켄베르그 박물관에 있습니다. 독일에 넘겨진 귀중한 표본은 제2차세계대전 중의 격렬한 공습과 시가전에서도 무사히 보존되었습니다.

아나토사우루스는 당시의 건조한 모래 지대에서 죽은 후, 강한 태양에 쪼여 썩기 전에 피부와 혈관, 근육, 내장의 일부가 돌과 같이 단단하게 되어 뼈에 달라붙어 미라 화석이 된 것입니다.

아나토사우루스의 미라 화석을 조사하여 알아낸 것은, 등의 비늘은 비교적 소형인데 배의 비늘은 크고 등과 배의 비늘의 형태나 크기가 다른 점, 등은 짙은 녹색을 띠고 있고 배는 엷고 밝은 색이었던 점, 앞다리 발가락 사이에 물갈퀴 같은 막이 존재하였던 점, 꼬리는 악어와 같이 양쪽이 평평하고 두꺼운 판을 세운 것 같은 모양이었다는 점 등이었습니다.

그러므로, 아나토사우루스는 물 속을 능숙하게 헤엄칠 수 있었다고 생각됩니다. 스탠버그 부자가 발견한 미라 화석의 연구로 오리너구리룡의 모습이 뚜렷하게 밝혀졌습니다. 오리너구리룡은 물 속에서 생활한 것으로 간주되고 있습니다. 그리고 2000개나 되는 포석(鋪石) 같은 가는 이는 부드러운 수초를 깨물어 부수는 데 적응한 것으로 볼 수 있습니다.

그러나 젠켄베르그 박물관에 소장되어 있는 미라 화석의 위(胃)에 해당되는 부분에서 침엽수 카닌가미테스(*Caningamites*)의 작은 가지와 씨가 대량 발견되었습니다. 당시 카닌가미테스는 높은 지대에서 번성하고 있었기 때문에 아나토사우루스 아네크텐스가 수중 생활을 하고 있었다는 것은 아무래도 맞지 않습니다. 학자 사이에 여러가지 논의가 시끄러이 일어난 후 드디어 아나토사우루스 아네크텐스는 습지대에서도 건조한 고지대에서도 생활할 수 있었던 것으로 의견의 일치를 보았습니다.

필자는 캐나다 백악기 후기의 지층에서 나온 아나토사우루스의 아래턱뼈를 전자 현미경으로 조사할 때, 이 사이에 딱딱한 풀 줄기가 끼어 있는 것을 본 일이 있습니다.

아나토사우루스의 포석 같은 다각형 이는 마모에 대해 잘 적응한 예로서, 상당히 딱딱한 식물도 별 어려움 없이 깨물어 부술 수 있습니다.

오리너구리룡은 대형의 육식성 공룡에게 쫓길 때 재빠르게 물 속으로 도망가 몸을 보호하였을 것입니다. 이렇게 생각하면 앞의 결론은 납득할 수 있습니다.

오리너구리룡 무리인 코리토사우루스(*Corythosaurus*)나 파라사우롤로푸스(*Parasaurolophus*)는 머리에 기묘한 돌기를 가지고 있습니다. 이 돌기는 헤엄치고 있을 때, 내부에 공기를 저장하여 놓는 슈노켈(Schnorchel ; 호흡용 기구) 장치로 생각되어 왔습니다. 그러나 공기를 저장하기에는 크기가 너무 작습니다. 폐를 이용한 편

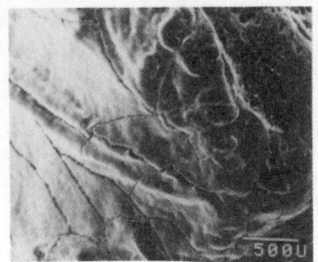

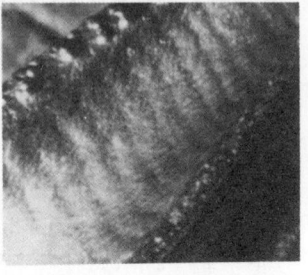

오리너구리룡의 나뭇잎형 이를 광학현미경상으로 나타냈다. 에나멜질의 표면에 옆으로 쳐진 가는 골이 있다

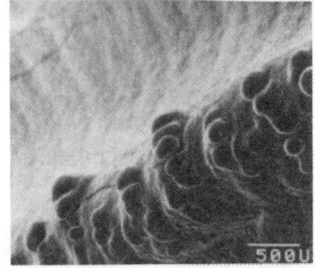

오리너구리룡의 나뭇잎형 이. 위는 이의 끝부분이고 아래는 측면 결절상(結節狀)의 혹. 이것을 이용하여 식물 섬유를 부순다

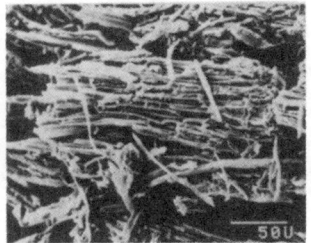

오리너구리룡 아나토사우루스의 이 사이에 물려 있던 식물 조각. 식물 섬유는 이에 의해 파쇄되어 산산조각이 나 있다(U는 미크론)

오리너구리룡 아나토사우루스의 위 속에 남아 있던 침엽수 카닌가미테스 엘레간스의 종자(위)와 잎(아래)(룰과 라이트의 그림을 고쳐 그림)

5. 공룡의 미라 화석 55

캐나다 앨버타 주에서 나온 오리너구리룡 아나토사우루스의 아래턱뼈 일부. 왼쪽 위는 바깥쪽(입술 쪽 면), 오른쪽 위는 절단면. 교대용의 예비 이(화살표)가 보인다(표본의 크기는 15cm 전후)

중간 위는 오리너구리룡 아나토사우루스의 아래턱뼈 안쪽(혀 쪽 면). 마모된 이가 연필 다발처럼 보인다. 중간 밑은 비스듬히 위쪽에서 본 것

아래는 오리너구리룡 무리의 작은 나뭇잎 모양의 이를 X선 촬영한 것. 중심부 모서리에서 방사상으로 상아(象牙)의 가느다란 관이 달리고 있다

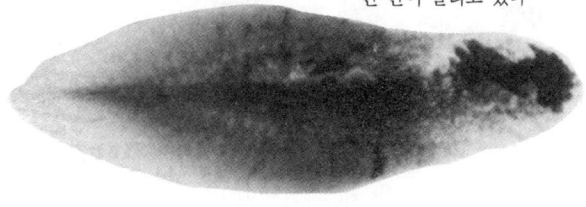

백악기의 대형 오리너구리룡 파라사우롤로푸스. 코 끝에서 머리 뒷부분 돌기까지 약 2m 가까이 된다(L.B.홀스테드의 그림을 고쳐 그림). 왼쪽 화살표는 피부 표면의 비늘을 나타낸다.

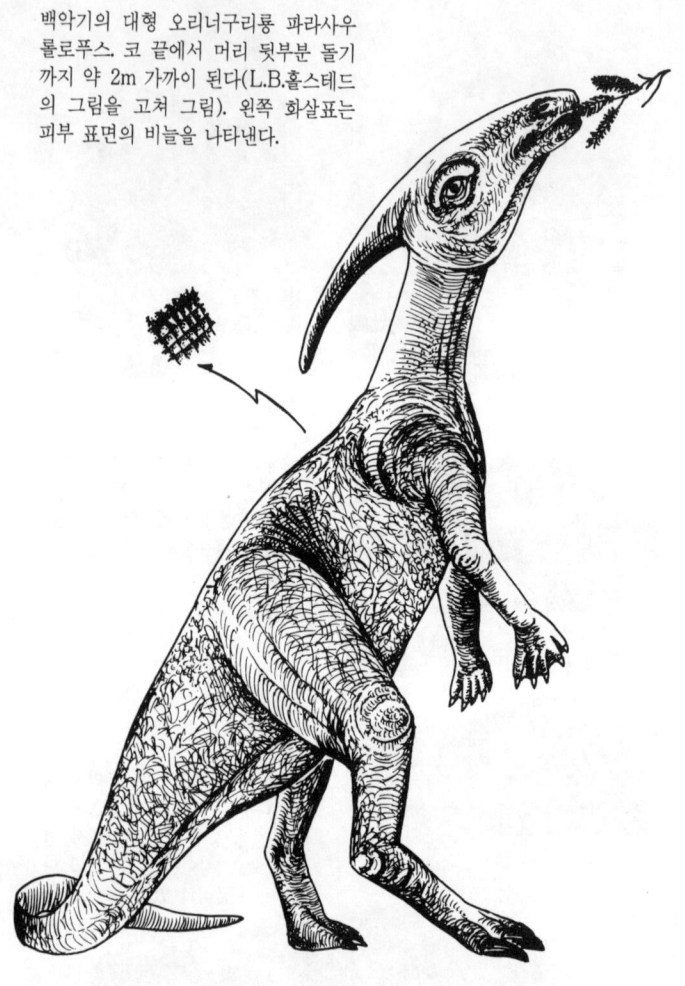

이 훨씬 효과적입니다.

 코리토사우루스나 파라사우롤로푸스의 머리 종단면 그림을 그려서 조사한 결과, 관 모양이 된 돌기가 비강(鼻腔)과 연결되어 있기 때문에 현재는 특별히 발달한 후각기(嗅覺器)로서 생각되고 있습니다. 오리너구리룡 무리는 이 후각기로 육식성 공룡의 냄새를 재빨리 맡아 쏜살같이 도망갈 수 있었을 것입니다.

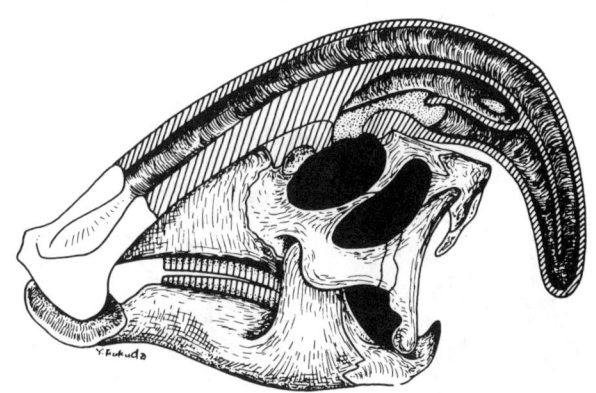

파라사우롤로푸스 크리토클리스투투스의 머리에 있는 커다란 후각기. 복잡한 미로 같은 구조를 갖고 있다(오스트롬의 그림을 고쳐 그림)

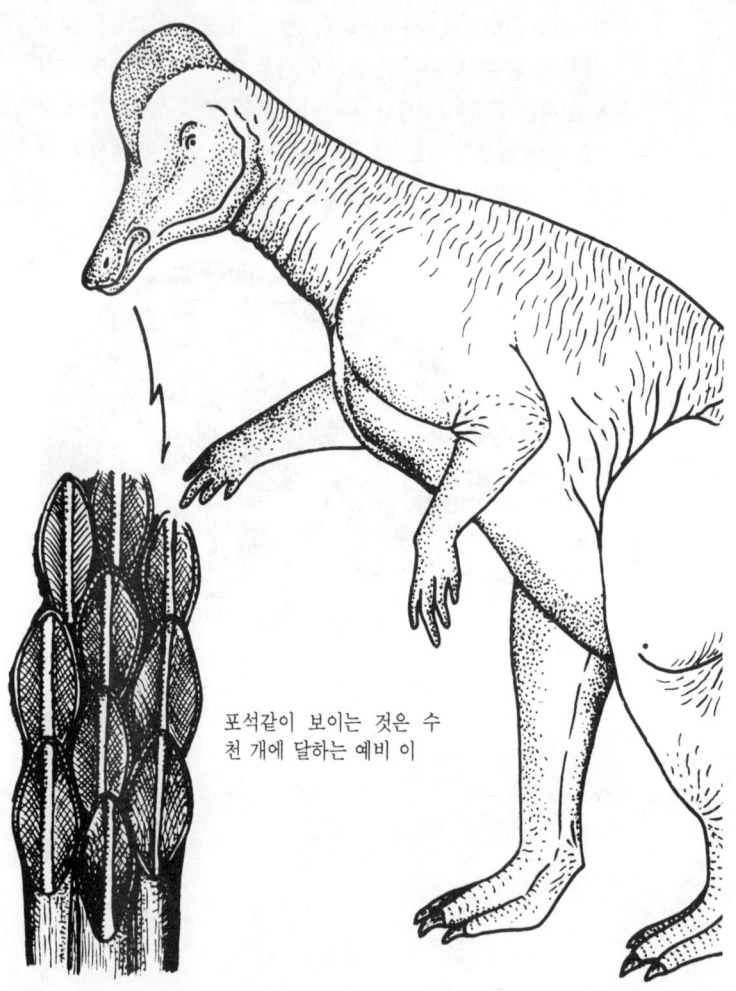

포석같이 보이는 것은 수천 개에 달하는 예비 이

5. 공룡의 미라 화석 59

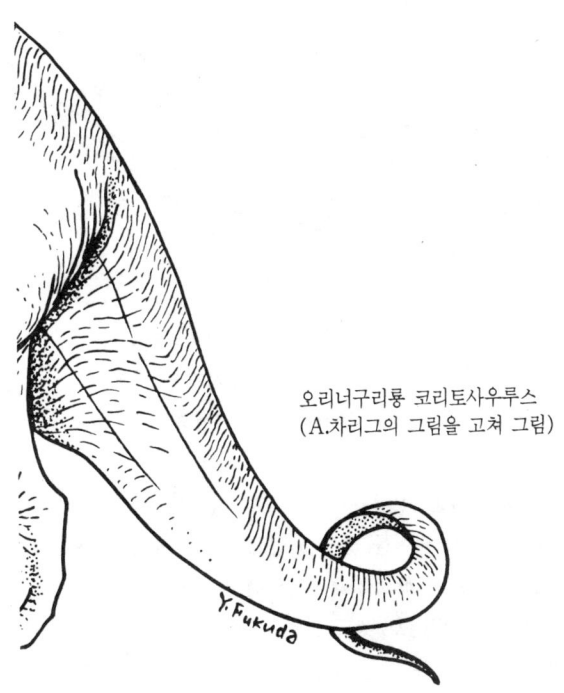

오리너구리룡 코리토사우루스
(A.차리그의 그림을 고쳐 그림)

6. 공룡 발바닥의 구조

서커스나 동물원에 가면 산더미 같은 회색 코끼리가 가장 먼저 눈에 뜨입니다. 코끼리 다리는 둥근 기둥 같으며, 5개의 짧은 발가락과 튼튼한 발톱을 가진 발로 대지를 넓고 묵직하게 밟고 있습니다.

발바닥은 표면에 각화층(角化層)을 가진 특별히 두꺼운 피부가 덮여 있습니다. 한쪽이 갈라 터진 것같이 보이는 것은 각화층이 벗겨지고 새것으로 갈기 위해서이므로 별로 걱정할 일은 아닙니다.

코끼리와 똑같은 다리를 가진 공룡으로 쥐라기 중기에 번성한 뇌룡(雷龍) 브론토사우루스(*Brontosaurus*)가 있습니다. 브론토사우루스가 당시 습지대를 유유히 걸어다닌 발자국 화석은 아기가 그 안에서 마음놓고 물놀이할 수 있을 정도로 큽니다.

발자국으로 볼 때, 브론토사우루스 발바닥에는 코끼리와 마찬가지로 두꺼운 각화층이 있어서, 닳으면 껍질이 벗겨지고 새것으로 바뀐 것을 알 수 있습니다. 그리고, 무거운 몸을 지탱하기 위해 쿠션 작용을 하는 결합섬유가 그물눈처럼 겹쳐서 완충 장치(absorber)의 역할을 하고 있었을 것입니다.

민첩하게 돌아 다니면서 먹이를 쫓고 있던 소형의 육식성 공룡 스테노니코사우루스(*Stenonychosaurus*)나 얌전한 초식성 오리너구리룡 무리는 발바닥에 비늘을 갖고 있었습니다. 그것은 운동화 바닥의 톱날 같은 스파이크와 마찬가지로 발이 지면에 닿았을 때 미끄러지지 않도록 마찰력을 크게 한다든지 속도를 낼 때 지면을

6. 공룡 발바닥의 구조 61

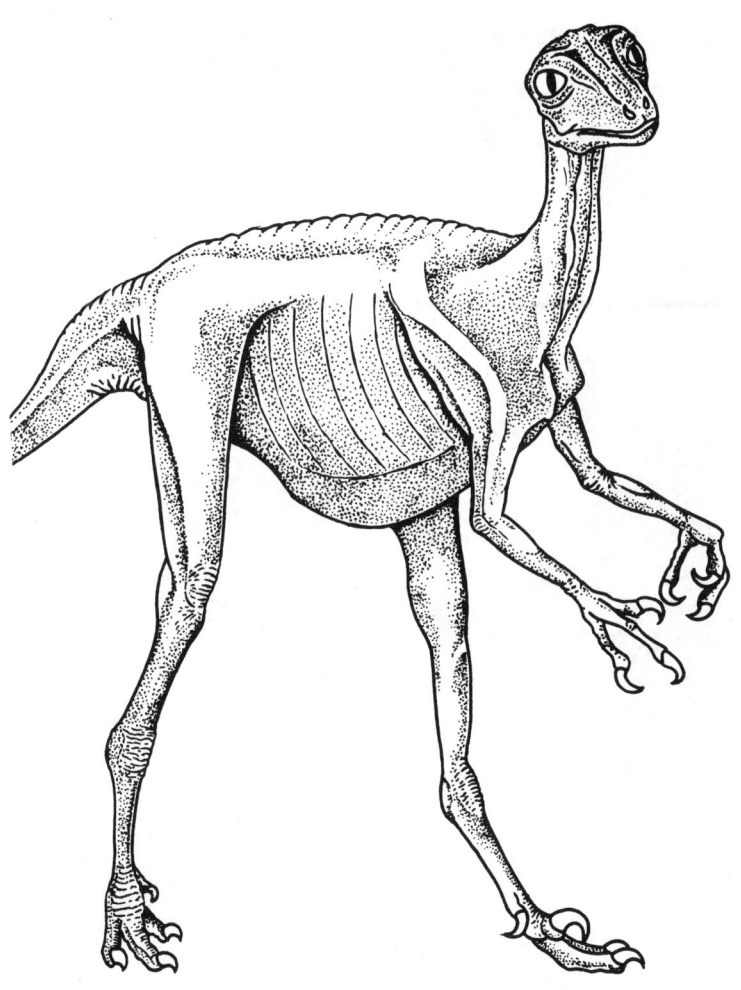

백악기 말기, 지능이 발달한 공룡 스테노니코사우루스
(푸셸의 그림을 고쳐 그림)

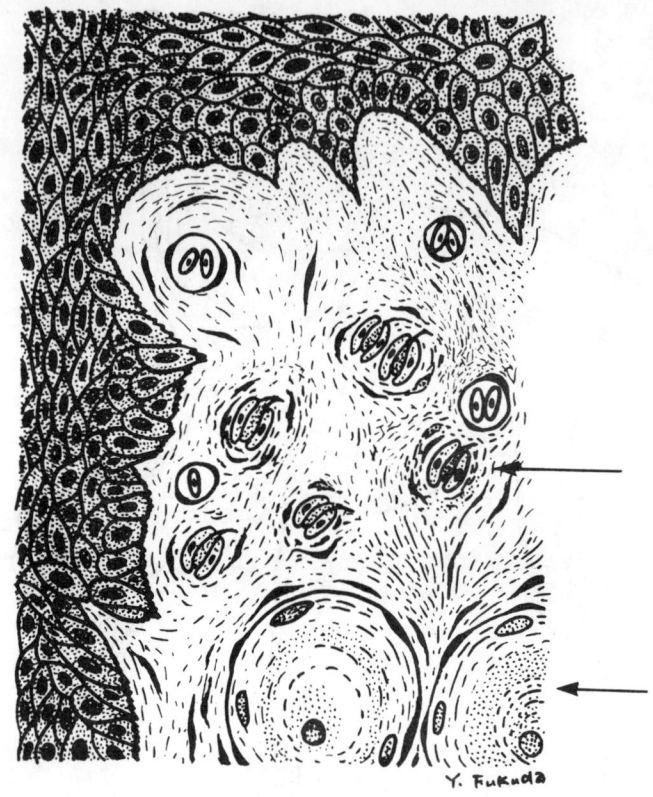

화살표는 닭의 혀나 다리 뒤쪽에 있는 촉압 센서

차는 힘을 크게 하기 위해서 있는 것이라 생각됩니다.

경주용 말의 발바닥에는 U자형 편자를 박아서 발톱이 닳는 것을 방지하고 있습니다. 말의 발바닥을 싼 피부 중에는 압력을 느끼는 특별한 감지기가 있어서 땅바닥의 굳기를 알 수 있습니다. 이런 감

6. 공룡 발바닥의 구조 63

지기는 닭이나 타조 같은 주행성 조류에 특히 발달되어 있습니다.

공룡 중에서도 오리너구리룡 무리나, 재빨리 움직이는 육식성 공룡의 발바닥에는 지면의 모양을 알기 위한 정교한 감지기가 있었던 것은 아닐까요.

얘기가 좀 다르지만, 말의 편자에 대한 재미있는 얘기가 있습니다. 그것은 경마가 성행하고 있는 영국의 얘기입니다. 말 돌보는 사람이 말의 발바닥에 열심히 편자를 박는 것을 본 소년이 집에 가서 어머니에게, "엄마, 나 오늘 말 만드는 것을 보았는데 거의 다 만들어가는 중이었어"라고 큰 소리로 얘기하였다고 합니다.

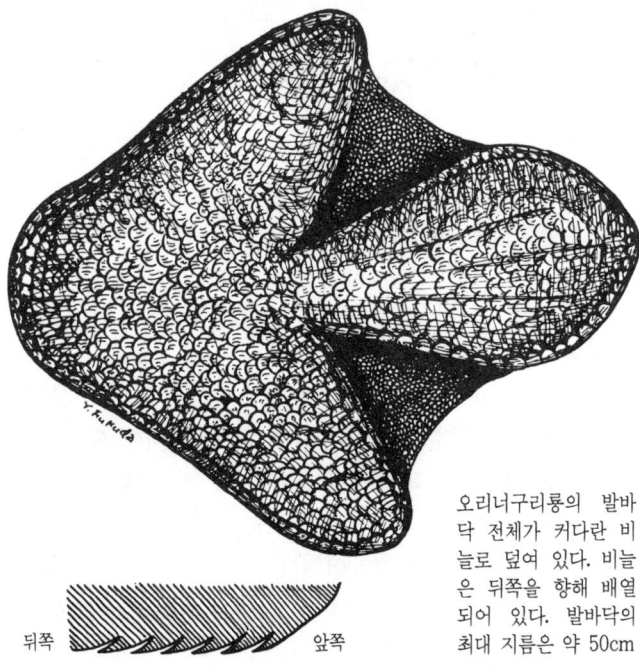

오리너구리룡의 발바닥 전체가 커다란 비늘로 덮여 있다. 비늘은 뒤쪽을 향해 배열되어 있다. 발바닥의 최대 지름은 약 50cm

7. 공룡의 골세포가 포유류형인 이유

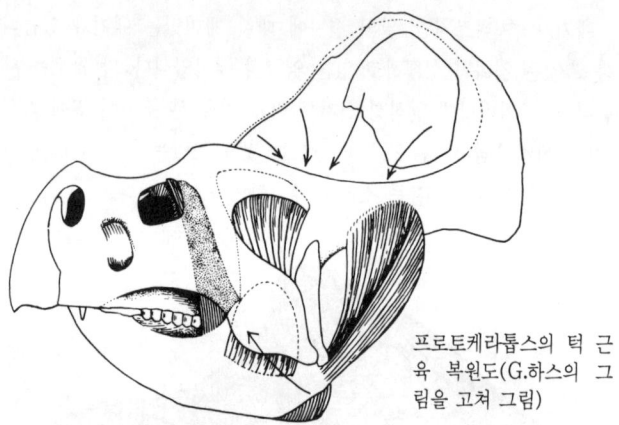

프로토케라톱스의 턱 근육 복원도(G.하스의 그림을 고쳐 그림)

뼈는 우리 몸을 지탱하는 지주의 역할과, 근육이 부착하는 중요한 장소가 되고 있습니다. 고생물학자는 타조, 악어, 도마뱀, 소 등의 근육 부착 방식을 조사하여 턱이나 다리의 움직임에 대한 훌륭한 해부도를 만들었습니다.

미국의 조지 하스는 몽고의 고비 사막에서 나온 프로토케라톱스(*Protoceratops*)의 턱 근육을 훌륭하게 복원하였습니다. 뼈는 바깥층을 구성하는 치밀골질(緻密骨質)과 안쪽 층을 구성하는 해면골질(海綿骨質) 두 부분으로 되어 있습니다.

해면골질이란 다공질의 골수(骨髓)를 말합니다. 치밀골질을 얇게 잘라 현미경으로 관찰하면 하버스관 주위를 동심원상의 골층판(骨層板)이 둘러싸고 있습니다. 이 구조는 뼈의 기본이기 때문에 골단

7. 공룡의 골세포가 포유류형인 이유

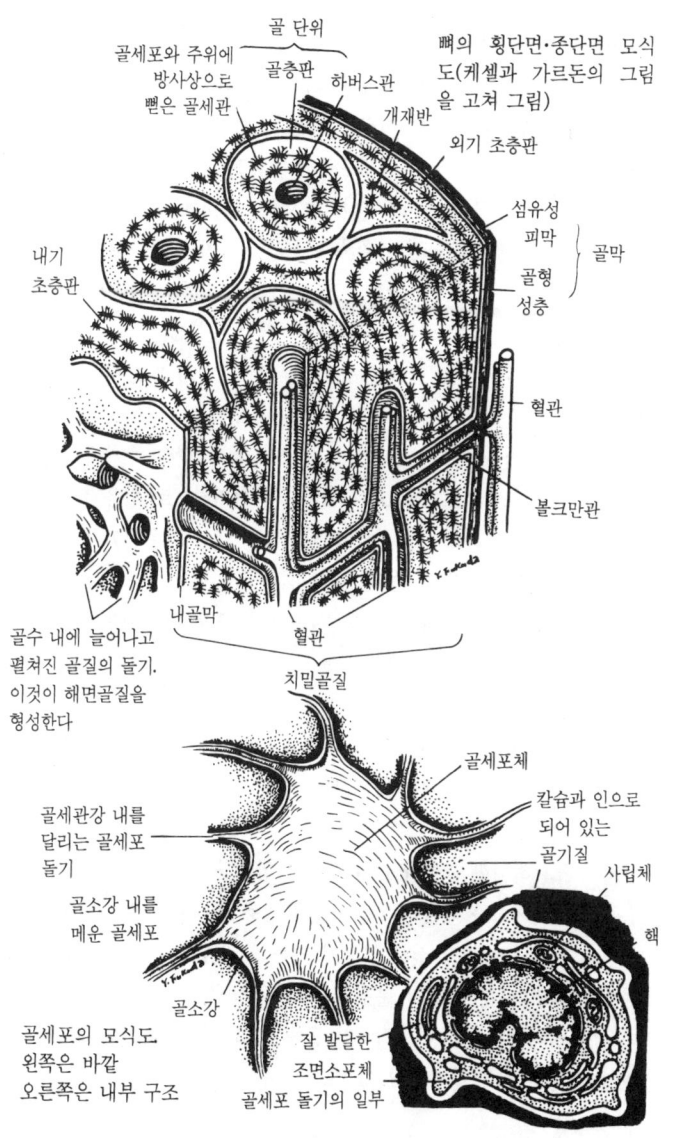

뼈의 횡단면·종단면 모식도(케셀과 가르돈의 그림을 고쳐 그림)

위(osteon)라고 합니다. 동심원상의 골층판을 자세히 살펴보면 마치 개미 행렬 같은 구조가 보입니다. 그것은 골세포의 행렬입니다.

골세포는 골소강(骨小腔)이라는 작은 방 안에 들어 있으며, 복잡한 돌기를 많이 늘여 옆의 골세포와 연락하고 있습니다. 돌기는 골세포를 여러 개 거쳐 하버스관이라는 혈관 통로에 도착하여 거기서 인과 칼슘, 영양분을 받아 골세포 돌기를 통해 차례대로 릴레이되어 가게 됩니다. 그리고 골수는 혈액을 주로 만들고 있습니다.

또, 혈액 중의 칼슘 성분이 부족하면 뼈의 일부가 녹아 나와 칼슘을 보급합니다. 뼈는 단단한 광물질로 되어 있기 때문에 생명이 없는 것으로 보이나 훌륭하게 살아 있습니다.

이 정도 예비 지식이 있으면, 이제 공룡 뼈에 대해 얘기해도 좋겠지요. 공룡의 골세포(osteocyte)를 전자 현미경으로 처음 관찰한 사람은 폴란드 크라코우 의과대학 해부학자 로만 파울리키 박사입니다. 파울리키 박사는 10년 전쯤 고비 사막의 백악기 후기(약 7천만 년 전) 지층에서 파낸 거대한 육식성 공룡 타르보사우루스(*Tarbosaurus*)의 발가락 뼈 일부를 산으로 녹여서 전자 현미경으로 관찰하였습니다. 그 결과를 살펴봅시다.

광물질이 하버스관 안으로 들어가 만든 주형(鑄型)이 그물눈같이 보입니다. 배율을 7000배로 하였을 때, 방추형의 골세포가 모습을 드러냅니다. 그러나 그다지 선명하지 않기 때문에, 다른 사람이 골세포라고 하니까 그런가 보다 할 정도입니다.

필자는 어찌하든 파울리키 박사보다 공룡 골세포의 전자 현미경 사진을 뛰어나게 찍고 싶은 염원에 가득 차 있었습니다. 드디어 캐나다의 앨버타 주에 널리 분포하고 있는 백악기 후기의 지층에서 나온 오리너구리룡의 아래턱뼈의 골세포 화석을 전자 현미경으로 관찰, 촬영하는 데 성공하였습니다.

7. 공룡의 골세포가 포유류형인 이유 67

공룡의 골세포. 방추형 세포에서 무수한 돌기를 늘여서 인접한 세포와 연락한다. 그것은 양분을 전달하기 위한 것이다

 어떻게 하여 파괴되기 쉬운 골세포가 화석으로 남는 것일까요. 그것은 뼈 안에 철분이 천천히 스며들어, 뼈 안에 들어 있던 작은 방에 도달하여 골세포의 완전한 철제 주형이 만들어지기 때문입니다.
 주위의 여분의 석회분을 산으로 녹여 버리면 골세포가 부조(浮彫)같이 떠오릅니다. 그것을 전자 현미경으로 관찰합니다.
 공룡은 몸이 어마어마하게 크기 때문에 골세포도 틀림없이 클 것으로 생각되겠지요. 그러나 골세포는 길이 10미크론, 지름 5미크론 정도로 작습니다. 미크론(μ)이라는 단위는 1밀리미터의 1000분의 1에 해당됩니다.
 골세포의 주형은 비행기의 동체와 같이 안이 넓고 비어 있어서 얇은 벽 주위에서 사방으로 마치 뿌리 같은 무수한 돌기를 늘이고

(왼쪽) 트라이아스기의 테코돈트 (조치류)의 치밀골질을 나타낸다. 화살표는 하버스관. 그 주위에 동심원상으로 골층판이 늘어서 있다(U는 미크론)

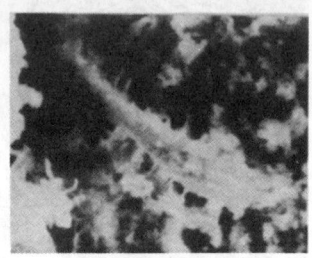

(오른쪽) 타르보사우루스의 뼈에서 확인된 골세포(R.파울리키)

있습니다. 필자가 세어 본 것은 100가닥 이상이나 되었습니다.

공룡의 골세포는 모양도 크기도 포유류와 똑같습니다. 이유는 지금까지 생각된 것보다 공룡의 성장 속도가 훨씬 빠른 점, 몸을 키워서 체온 저하를 방지하고 있던 점에 있습니다. 이같이 생각하면 공룡의 골세포는 칼슘이나 인을 세포 안으로 받아들여서 뼈 성장을 촉진해야 합니다.

그렇다면 가장 효율적인 포유류형의 골세포를 가질 필요가 생깁니다. 그런 이유로 공룡의 골세포는 포유류와 비슷해지게 됩니다.

최근, 공룡이 냉혈인가 온혈인가 요란하게 논의되고 있습니다. 영국의 저명한 고생물학자 홀스테드 박사가 지지하고 있는 학설은, 공룡은 온혈동물이지만 우리 인간과 같은 진정한 온혈동물과는 상당히 차이가 있다고 하는 내용입니다.

앞의 설명과 같이 공룡은 몸을 키워서 체온 저하를 방지하였던 것으로 생각되고 있습니다. 그것은 목욕탕 안의 뜨거운 물이 찻잔 안의 물보다 식기 어려운 것과 마찬가지입니다. 작은 공룡은 다른

7. 공룡의 골세포가 포유류형인 이유 69

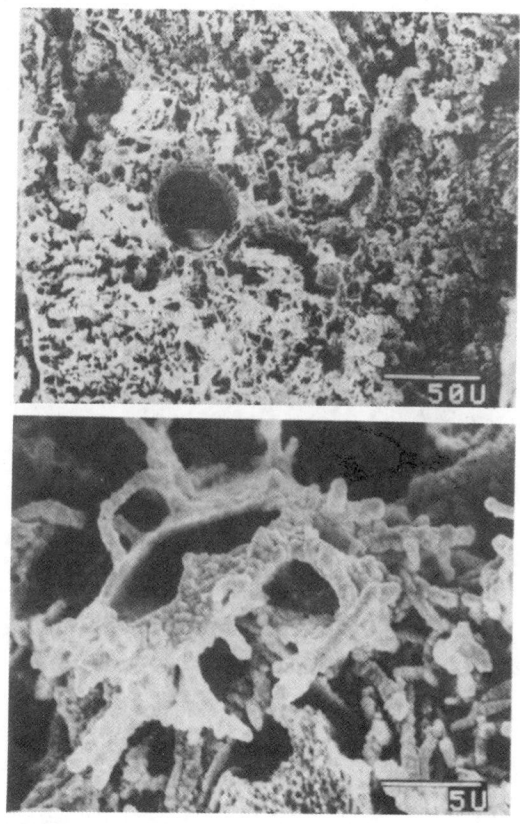

오리너구리룡 아나토사우루스의 아래턱에서 확인된 골세포의 화석. 위는 하버스관(혈관강)의 주위에 있는 골세포들. 아래는 그중 1개의 골세포(오스테오사이트)를 가리킨다 (U는 미크론)

것 밑에 숨거나 서로 몸을 의지하여 체온 저하를 방지하였는지도 모릅니다.

8. 공룡 꼬리의 힘줄

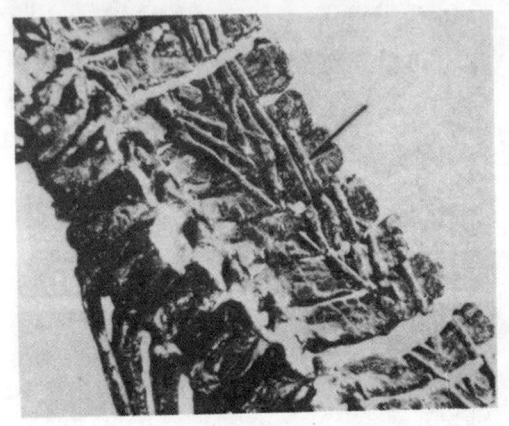

페르니사루에서 나온 이구아노돈의 꼬리 추골의 극돌기 표면에 잔존하는 석회화한 힘줄(화살표)(A.차리그)*32)

잘 발달한 뒷다리로 서며, 앞다리에는 칼퀴 발톱의 발가락을 세 개씩 가진 데이노니쿠스(Deinonychus)는 꼬리를 수평으로 팽팽히 세우고 초원을 날쌔게 돌아다니고 있었습니다. 데이노니쿠스라는 학명은 '무서운 발톱'이라는 의미입니다.

즉 뒷다리에 날카로운 낫 같은 발톱을 가지고 있었으나, 달릴 때는 걸리적거리지 않도록 뒤쪽으로 접어 넣게 되어 있었습니다.

무서운 발톱으로 먹이의 다리에 상처를 내고, 배를 갈라 찢는 데이노니쿠스는 정면으로 달리는 흉기였습니다. 데이노니쿠스의 꼬리

8. 공룡 꼬리의 힘줄

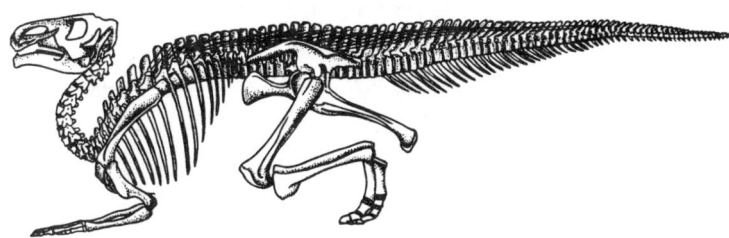

오리너구리룡 아나토사우루스의 골격. 극돌기 표면에 석회화한 다수의 힘줄이 붙어 있다(L.B.홀스테드의 그림을 고쳐 그림)

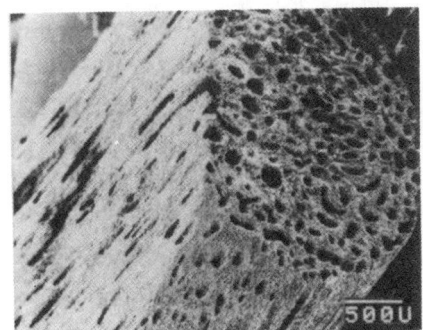

오리너구리룡 아나토사우루스의 석회화한 힘줄의 종단면과 횡단면. 힘줄은 뼈와 달리 치밀골질과 해면골질의 구별이 없다. 다수의 둥근 간극 내부에 림프액이 통하고 있었을 것이다(U는 미크론)

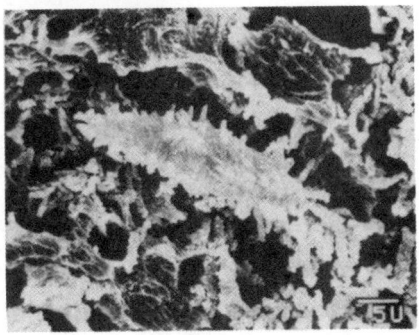

오리너구리룡 아나토사우루스의 힘줄 내부에 존재하는 골세포(오스테오사이트)의 전체 모습(U는 미크론)

는 마치 막대와 같아서 중심부 뼈 주위에 40~50가닥에 이르는 두꺼운 힘줄 다발이 팽행으로 나 있습니다.

힘줄이라면 바로 발뒤꿈치에 있는 아킬레스건(Achilles tendon)이 생각날 것입니다. 아킬레스건이란 그리스 신화의 영웅 아킬레스의 이름을 따서 붙인 것입니다. 그것은 인체 중에서 가장 굵고 튼튼한 힘줄이기 때문입니다. 아킬레스건이 끊어지면 지금까지 당기고 있던 근육이 오그라들어 둥글게 됩니다.

힘줄은 흰색의 광택이 도는 끈 같습니다. 탄력이 풍부하여 견인용 와이어 로프(wire rope)라고 할 정도입니다. 그러나 본체는 단백질이므로 동물이 죽어서 부패하면 젤리 모양이 되어 바로 녹아 버립니다.

그러면, 남아 있을 리가 없는 힘줄이 어째서 공룡에게만 남아 있을까요. 공룡 힘줄의 화석은 데이노니쿠스 이외에도 많이 알려져 있습니다.

이구아노돈의 미추골(尾推骨) 돌기 표면에 격자상의 힘줄이 붙어 있습니다 이외에도 오리너구리룡 아나토사우루스, 프로토케라톱스, 안킬로사우루스 등 하나하나 셀 수 없을 정도입니다. 그러나 현재 시중에 나와 있는 공룡에 관한 책에는 모두 단지 석회화한 힘줄이라는 몇 줄밖에 언급되어 있지 않습니다. 석회화라고 하여도 실제로는 여러 가지가 있습니다.

공룡이 나이 들면서 칼슘 성분이 점점 힘줄에 침착하였기 때문인가, 또는 종양과 같은 병적인 것인가, 아니면 정상적인 현상인가 하는 의문이 생깁니다.

필자는 수수께끼를 풀기 위해 석회화한 오리너구리룡의 힘줄 화석을 전자 현미경으로 조사하여 보았습니다. 꼬리 끝쪽의 힘줄은 연필 굵기 정도이며, 의외로 횡단면은 구멍이 숭숭 뚫려 있어 연뿌

8. 공룡 꼬리의 힘줄 73

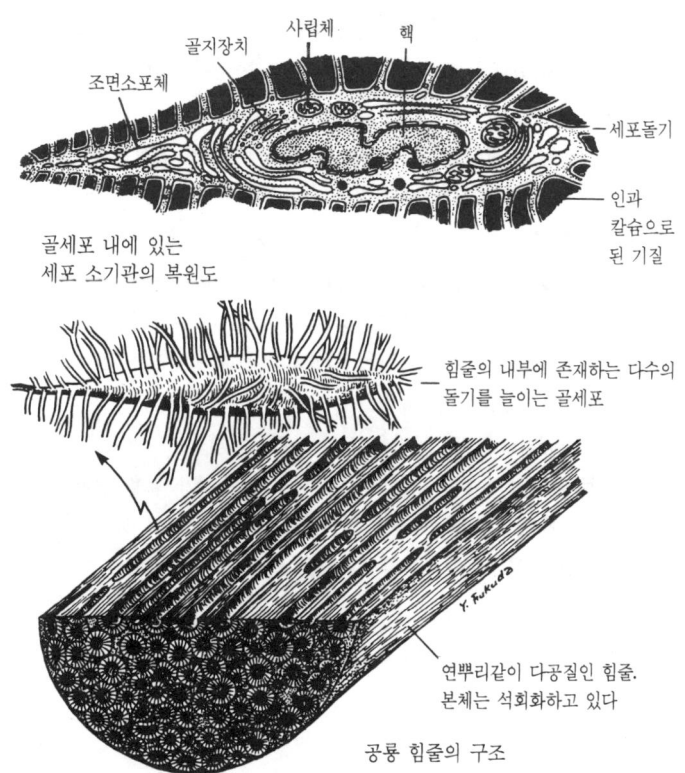

골세포 내에 있는
세포 소기관의 복원도

힘줄의 내부에 존재하는 다수의
돌기를 늘이는 골세포

연뿌리같이 다공질인 힘줄.
본체는 석회화하고 있다

공룡 힘줄의 구조

리를 잘라 놓은 것 같았습니다. 힘줄 횡단면에서 본 무수한 둥글고 작은 구멍은 횡단면 길이 방향으로 평행으로 나 있고 그 사이에 석회질의 섬유상 구조가 보입니다. 배율을 확대하자 힘줄 내부에 복잡한 돌기를 주위로 늘인 방추상(紡錘狀) 골세포와 똑같이 닮은 것이 비좁게 늘어서 있는 것이 아니겠습니까.

필자는 그것으로 겨우 공룡의 힘줄이 화석으로서 남는 이유를 알 수 있었습니다. 공룡의 힘줄이 석회화하는 것은 병도 아무것도 아니었습니다. 힘줄을 관통하는 둥근 구멍 안에 인과 칼슘을 대량 함유한 림프액이 가득 차 있어서 골세포와 똑같은 작용을 하는 세포에 무기물과 영양분을 공급하여, 힘줄을 왕성하게 석회화하였습니다. 공룡은 뭍에서 걸을 때 꼬리를 수평으로 팽팽히 세워서 균형을 유지하지 않으면 흔들거려서 제대로 걸을 수 없었습니다. 이는 인간공학을 응용한 실험으로 증명되었습니다.

그 때문에 힘줄이 석회화하는 것은 당연한 일이었습니다. 그리고, 공룡의 힘줄이 다공질인 것은 가볍고 튼튼하게 만드는 뛰어난 설계라고 할 수 있습니다.

왜냐하면 근육으로 된 무거운 꼬리를 팽팽하게 펴고 있으면 공룡은 바로 피곤해져 버릴 것이기 때문입니다. 우리가 팔을 수평으로 들고 오래 있지 못하는 것과 마찬가지입니다. 공룡의 화석화한 힘줄은 마치 부목(副木 ; 깁스용)과 같은 역할을 하고 있었던 것입니다.

이것으로, 공룡의 발자국에 꼬리를 끈 흔적이 없는 이유를 알 수 있을 것으로 생각합니다.

9. 장갑공룡의 갑옷

등에 무거운 판 같은 골제 돌기를 가지고, 굼뜨게 돌아다녔던 스테고사우루스는 쥐라기 말에 모습을 감추고 말았습니다. 이어서 백악기가 되자 안킬로사우루스(Ankylosaurus)가 세력을 키우기 시작하였습니다. 안킬로사우루스란 이름은 '연결된 도마뱀'이라는 의미입니다. 안킬로사우루스는 스테고사우루스가 갖고 있던 골제의 돌기가 소형화하여 몸을 덮게 되었다고 생각할 수 있습니다.

안킬로사우루스의 화석은 캐나다 앨버타 주와 북아메리카의 몬태나 주에 널리 분포하고 있는 백악기 후기의 지층에서 대량으로 나옵니다. 그 중 가장 큰 것은 길이 10m, 무게는 3톤 이상 됩니다.

머리뼈는 수직인 다수의 지주(支柱)로 되어 있어서 다리 구조와 매우 비슷합니다. 가볍고 위로부터의 압력에 견디도록 잘 설계되어 있습니다. 머리 앞쪽에 둥근 한 쌍의 콧구멍이 있습니다. 각질의 주

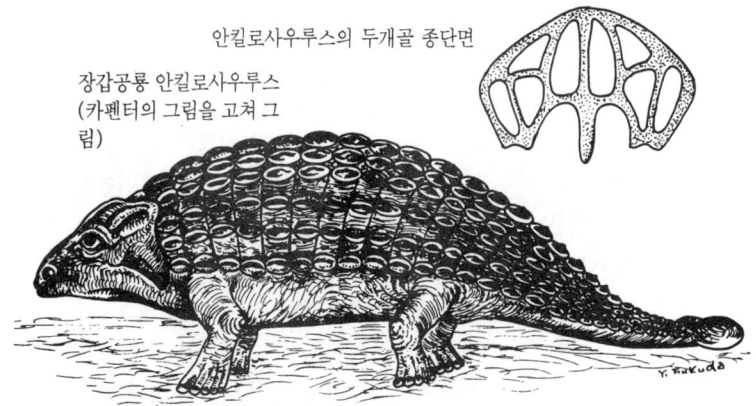

안킬로사우루스의 두개골 종단면

장갑공룡 안킬로사우루스
(카펜터의 그림을 고쳐 그림)

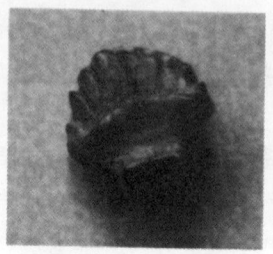 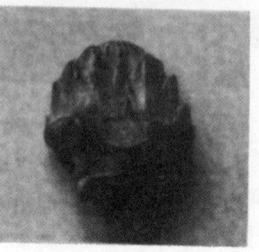

리틀 블랙 핸드(작고 검은 손)라 불리는 안킬로사우루스의 이.
왼쪽은 바깥쪽, 오른쪽은 안쪽 (오바다케 박사의 표본)

둥이를 가지며, 소형 이는 스테고사우루스와 비슷하며 매우 빈약합니다. 안킬로사우루스의 이는 캐나다의 앨버타 주에 분포하는 백악기 후기의 지층에서 많이 나옵니다. 현지에서는 '리틀 블랙 핸드' (little black hand, 작고 검은 손)라고 부르고 있습니다. 이름 그대로 검은 색이고 사람 손바닥과 똑같으며 길이 15mm, 폭 13mm 정도로 작습니다.

안킬로사우루스도 사막 입구 같은 곳에서 생활하고 있었을지도 모릅니다. 낮에 기온이 올라가면 응달에서 꼼짝 않고 있었겠지요. 때로는 모래에 파고들어 더위를 피했을지도 모릅니다.

위로부터의 압력에 견디도록 설계된 두개골은 모래가 무너져 내려도 금이 가거나 부서져 버리는 것을 방지하였을 것입니다. 안킬로사우루스가 모래 속에 숨어 있는 모양을 상상해 보는 것은 어쨌거나 재미있지 않습니까.

필자가 아직 소학생일 때, 한국에서는 6.25 전쟁이 한창이었습니다. 당시, 미 육군이 개발한 땅 속에 파고드는 전차라는 것이 있었습니다. 그것은 전차의 앞뒤에 불도저 같은 강철제 날이 달려 있어서 전차가 앞뒤로 왔다갔다 할 때마다 땅 속으로 조금씩 파고든다는 것이었습니다. 물론 안킬로사우루스는 살아 있으므로 주둥이나 앞다리를 잘 사용하여 모래를 파 냈을 것입니다.

안킬로사우루스는 해뜨기 전이나, 해가 저물 때, 선선해지면 모래를 천천히 헤치고 나와 풀이나 곤충을 잡아 먹었던 것은 아닐까요.

그 때는 흉포한 육식성 공룡 티라노사우루스에게 몸을 노출시키는 가장 위험한 시간대가 됩니다. 머리 앞에 있는 둥근 한 쌍의 콧구멍은 모래 속에 숨어 있을 때 모래가 들어가지 않도록 특별히 고완된 것이 아닐까요.

안킬로사우루스의 갑옷은 여러 가지 크기의 골편으로 되어 있고, 표면에 예리한 가시를 가지고 있는 것까지 있었습니다. 필자는 캐

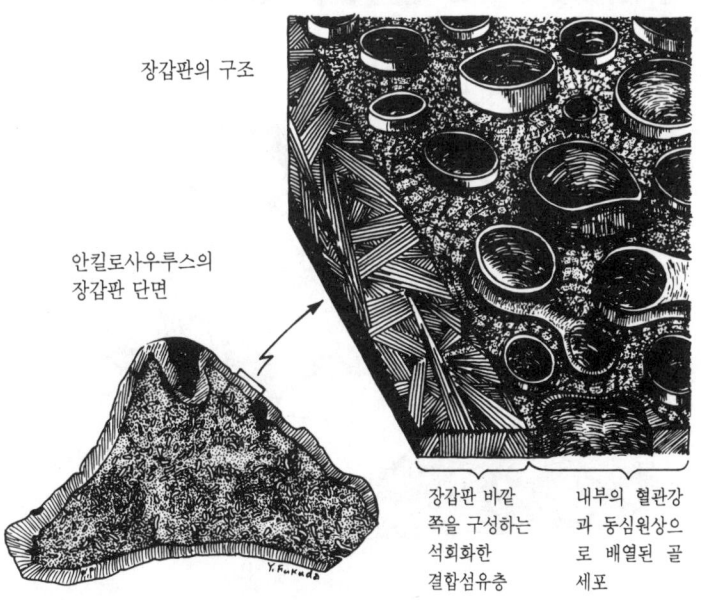

장갑판의 구조

안킬로사우루스의 장갑판 단면

장갑판 바깥쪽을 구성하는 석회화한 결합섬유층

내부의 혈관강과 동심원상으로 배열된 골세포

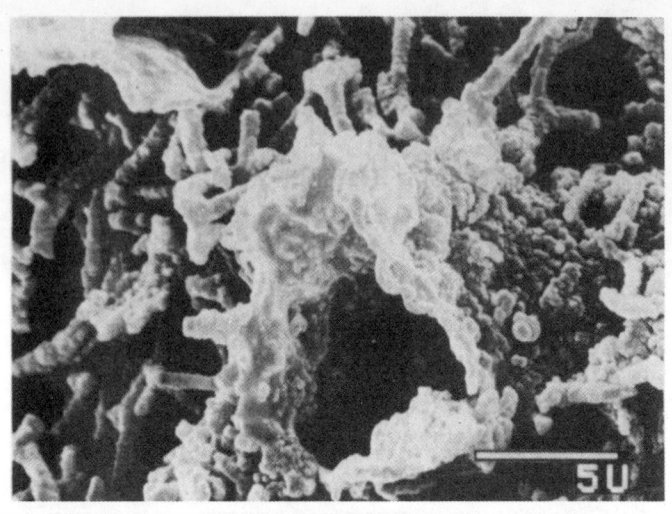

안킬로사우스의 장갑판 내부에 존재하는 골세포(U는 미크론)

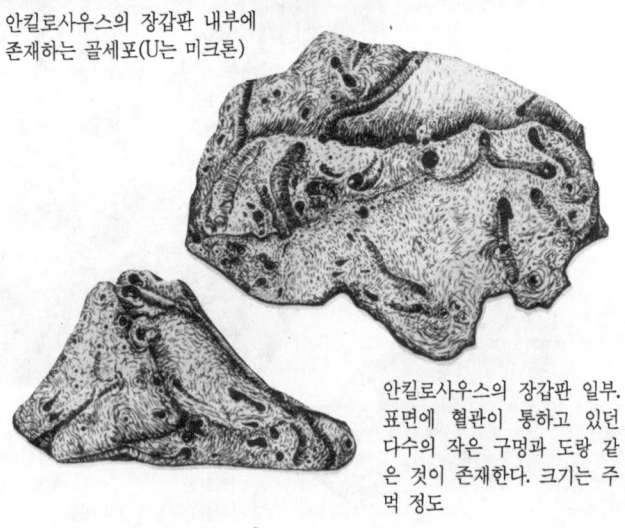

안킬로사우스의 장갑판 일부. 표면에 혈관이 통하고 있던 다수의 작은 구멍과 도랑 같은 것이 존재한다. 크기는 주먹 정도

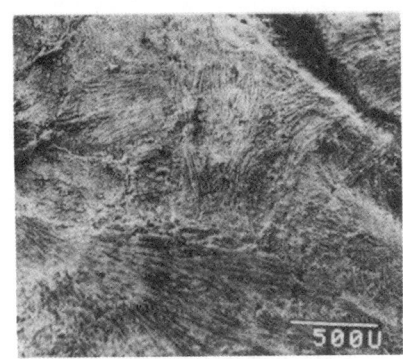

안킬로사우루스의 장갑판 미세구조. 사진은 장갑판의 바깥쪽을 덮어싸고 있는 석회화한 결합섬유층(U는 미크론)

나다의 앨버타 주에서 발굴된 안킬로사우루스의 짙은 갈색의 갑옷을 하나 입수하여 조사한 일이 있습니다.

주먹 크기 정도로 묵직한 느낌이었습니다. 표면에 혈관이 나 있던 작은 홈이나 구멍이 있어서 갑옷은 두꺼운 피부로 싸여 있던 것을 나타내고 있습니다. 커다란 가시는 피부를 가르고 바깥으로 나와 있던 것으로 생각됩니다.

갑옷의 단면은 삼각형에 가깝고, 안정한 밑바닥이 아래쪽에 오도록 되어 있습니다. 갑옷은 매우 재미있게 만들어졌습니다. 바깥쪽에 두꺼운 석회화한 결합섬유층이 있고 그 안에 뼈의 해면골질과 닮은 구조가 있습니다. 지금까지 여러 번 설명하여 온 뼈의 구조와 비교하면 매우 기묘한 것입니다. 갑옷 내부의 하버스관에 상당하는 대형 혈관강 주위에 복잡한 돌기를 갖춘 골세포가 동심원상으로 늘어서 있습니다.

그것은 보통의 뼈에서 보는 틈새투성이인 해면골질과 치밀골질의 중간형이라 할 수 있습니다.

10. 거대한 온도 조절기를 가졌던 공룡

공룡은 몸을 크게 하여 체온 저하를 방지하는 남다른 동물이었습니다. 그것은 영국의 고생물학자 홀스테드가 지적하는 바와 같이 진정한 온혈동물(현재의 조류나 포유류)과는 좀 다른 것이었습니다. 그래서 햇볕이 내리쬐는 건조한 대지에서 생활하는 공룡은 반대로 체온 상승에 고생하였습니다.

오리너구리룡과 같이 물에 들어가서 몸을 식힐 수 있는 것은 적으로부터 피할 수 있고 체온 조절도 할 수 있으므로 다른 공룡이 보면 부러울 뿐이었다고 생각합니다.

스테고사우루스의 등판은 방열판의 일종으로 볼 수 있습니다. 그러나 등의 보호와 체온 조절의 두 가지 역할을 담당하고 있기 때문에 방열판이라고만 할 수는 없습니다.

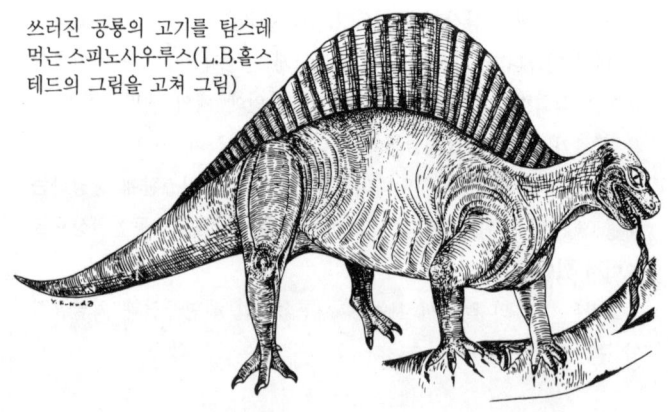

쓰러진 공룡의 고기를 탐스레 먹는 스피노사우루스(L.B.홀스테드의 그림을 고쳐 그림)

10. 거대한 온도 조절기를 가졌던 공룡   *81*

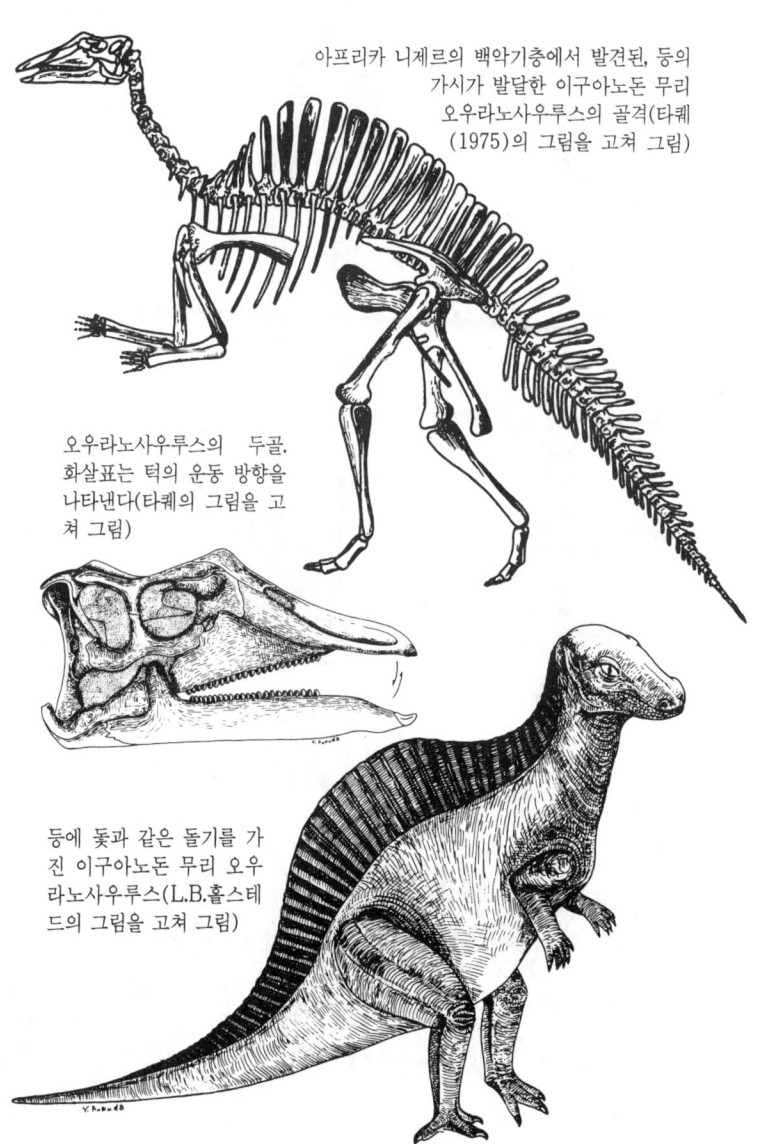

아프리카 니제르의 백악기층에서 발견된, 등의 가시가 발달한 이구아노돈 무리 오우라노사우루스의 골격(타퀘 (1975)의 그림을 고쳐 그림)

오우라노사우루스의 두골. 화살표는 턱의 운동 방향을 나타낸다(타퀘의 그림을 고쳐 그림)

등에 돛과 같은 돌기를 가진 이구아노돈 무리 오우라노사우루스(L.B.홀스테드의 그림을 고쳐 그림)

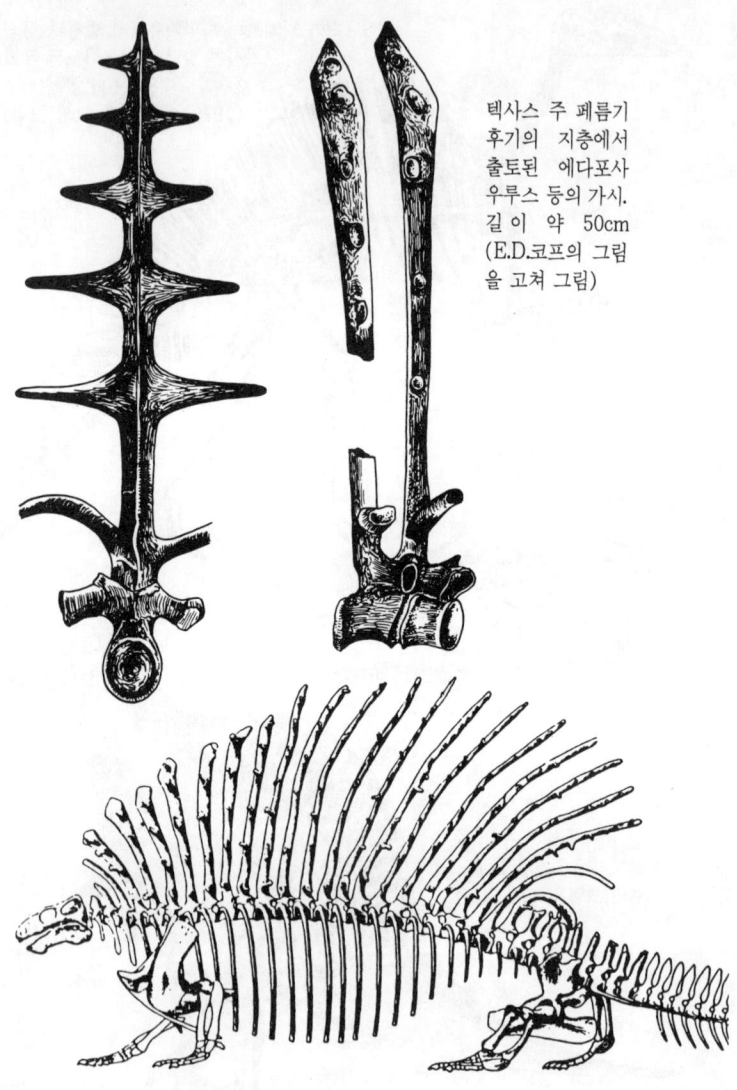

텍사스 주 페름기 후기의 지층에서 출토된 에다포사우루스 등의 가시. 길이 약 50cm (E.D.코프의 그림을 고쳐 그림)

10. 거대한 온도 조절기를 가졌던 공룡   83

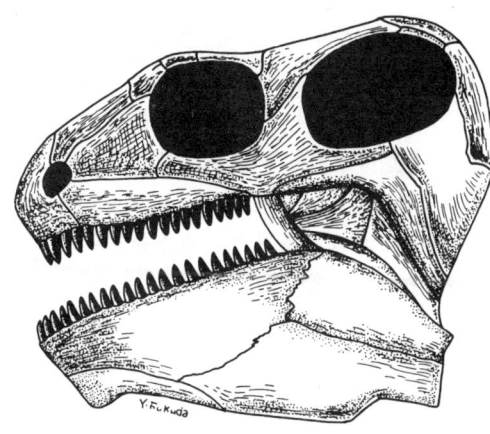

얌전한 초식성 범룡 에다포사우루스의 두개골(로머와 프라이스의 그림을 고쳐 그림)

페름기의 범룡 에다포사우루스. 초식성 수형류에 속한다 (J.아우구스타와 브리안의 그림을 고쳐 그림)

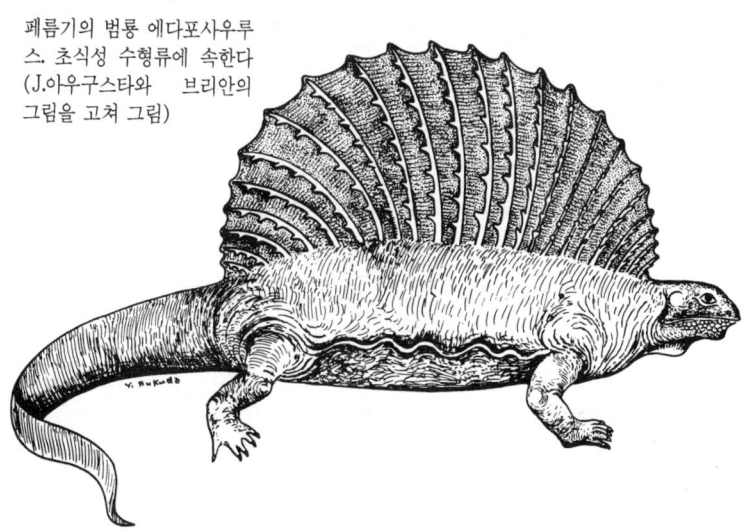

에다포사우루스의 골격. 텍사스의 페름기산 (로머와 프라이스)[33]

그러나, 1915년에 미국의 고생물학자 스트로머가 이집트 백악기 후기의 지층에서 발견한 스피노사우루스(Spinosaurus)라는 대형의 육식성 공룡은 길이가 10m 이상이나 되며, 언뜻 보아 티라노사우루스와 비슷하나 극돌기(棘突起)라는 튀어 나온 추골(推骨)이 이상하게 위로 갸늘고 길게 늘어서서 마치 삼각형 돛같이 보입니다. 통상 극돌기는 길어도 겨우 20cm 정도입니다. 소의 경우는 등의 극돌기 양쪽에 있는 고기가 최상급 비프스테이크가 됩니다.

스피노사우루스는 놀랍게도 극돌기가 2미터에서 5미터 가까운 것도 있습니다. 화석이 된 이 가시가 딱딱한 바위 사이에서 튀어나와 있는 모습은 볼 만하였을 것으로 생각됩니다.

극돌기 주위에는 다수의 혈관이 모여 있고, 바깥쪽은 얇은 피부로 덮여 있었던 것으로 생각됩니다. 해가 떠오르면 이 삼각형 돛은 태양열을 흡수하여 혈액을 덥혀, 아침잠에서 깨어나는 데 시간이 걸리는 다른 공룡이 어물어물하고 있는 사이에 움직여 돌아다닐 준비가 끝났을 것입니다.

그리고 낮에 기온이 다시 상승하면 응달에 들어가 혈액 순환 속도를 빨리 하여서 라디에이터(radiator : 방열기)로서 작용시켰을 것입니다. 스피노사우루스는 네 개의 튼튼한 발가락을 가진 앞다리와 큰 뒷다리를 가지고 있었습니다. 뒷다리로 설 수도, 네 다리로 걸을 수도 있었다고 생각됩니다.

기능적인 앞다리는 잡은 먹이를 잡아 누를 때 사용하였을 것이 틀림없습니다. 스피노사우루스는 먹이 고기를 날카로운 이로 갈기갈기 찢어 먹었을 것입니다. 삼각형 돛 부분에는 혈관이 집중되어 있기 때문에 상처를 입으면 혈액을 많이 잃었을 것입니다.

그러므로 스피노사우루스가 습격하는 상대는 자기보다 작은 것이거나 죽은 것에 한하였습니다. 스피노사우루스는 육식성 공룡이

지만 초식성 공룡에도 비슷한 방열판을 가진 것이 있었습니다. 즉, 사하라 사막에서 발견된 이구아노돈의 친척에 해당되는 몸길이 10m 정도의 오우라노사우루스(*Ouranosaurus*)가 그렇습니다.

홀스테드 박사는 양쪽 다 방열판을 가지고 있기 때문에 스피노사우루스와 오우라노사우루스가 동일 지역에서 생활하였다고 보고 있습니다. 방위를 위해 오우라노사우루스도 틀림없이 아침 일찍 '엔진을 모두 가동하여' 움직일 수 있는 상태가 되지 않으면 살아나갈 수 없었을 것이라고 합니다. 과연 공룡학의 전문가인 홀스테드 박사다운 재미있는 착상입니다.

고생대 말 페름기의 푹푹 찌는 뜨거운 삼림 지대에 살고 있던 에다포사우루스(*Edaphosaurus*)와 디메트로돈(*Dimetrodon*)은 몸길이 2~3미터로, 네 다리로 걷는 포유류에 가까운 수형류(獸型類)라 부르는 파충류의 중요한 그룹이었습니다. 한편으로, 그들은 범룡(帆龍)이라고도 하며 등뼈의 극돌기가 스피노사우루스같이 위로 튀어 나와서 삼각형 돛을 형성하고 있었습니다. 돛 부분에 혈관이 그물눈같이 분포되어 체온 조절을 하였을 것입니다.

에다포사우루스의 경우, 극돌기의 표면에 예리한 가시까지 있었습니다.

에다포사우루스는 수형류 중에서 얌전한 초식성이었습니다. 그러므로 중요한 온도 조절 장치를 디메트로돈과 같은 육식수로부터 보호하기 위해 돌기 주위에 예리한 가시를 갖게 되었습니다. 그러나 에다포사우루스의 돛을 지탱하는 극돌기가 중간이 부러진 흔적이 남아 있는 유해도 있어서 어두컴컴한 당시의 삼림을 무대로 먹고 먹히는 격렬한 투쟁이 있었던 것을 전해 주고 있습니다.

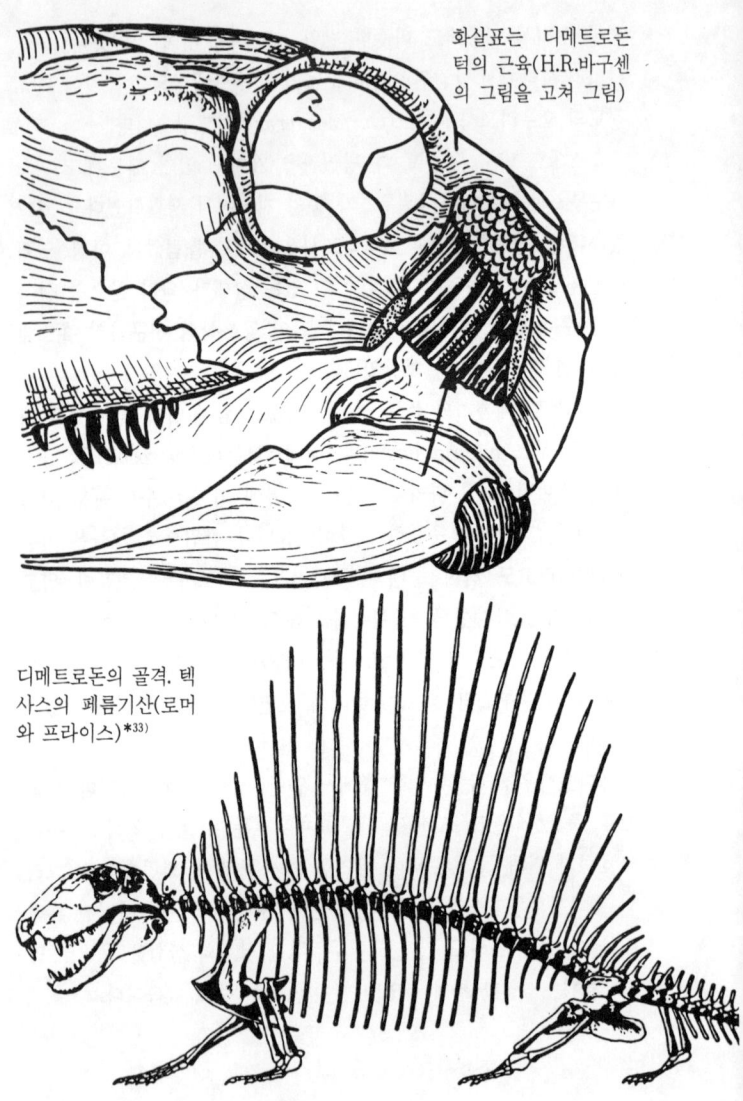

화살표는 디메트로돈 턱의 근육(H.R.바구센의 그림을 고쳐 그림)

디메트로돈의 골격. 텍사스의 페름기산(로머와 프라이스)*33)

10. 거대한 온도 조절기를 가졌던 공룡 87

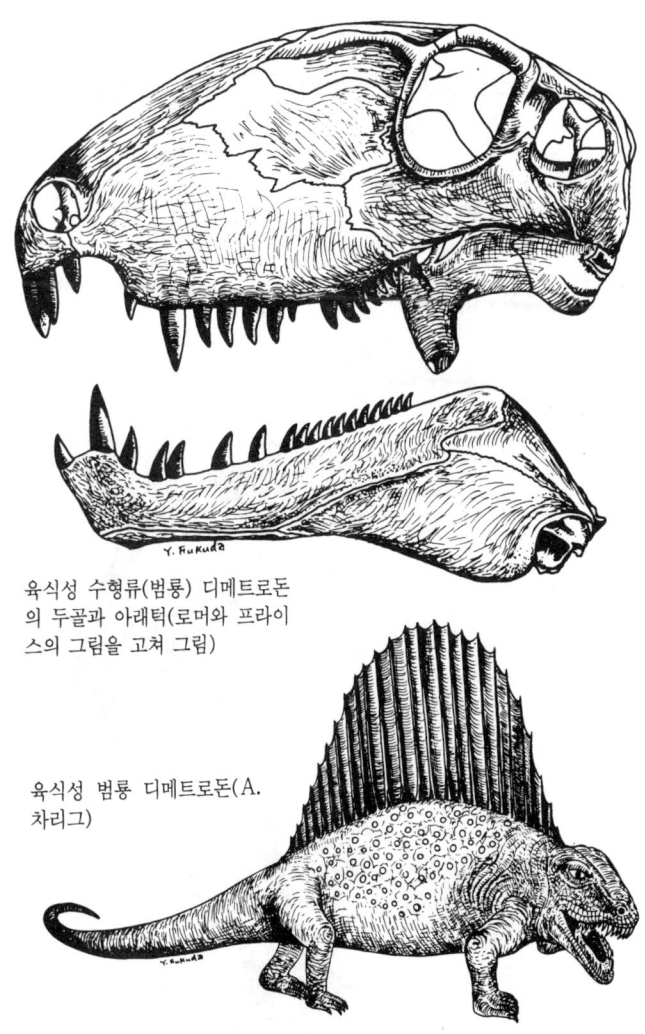

육식성 수형류(범룡) 디메트로돈의 두골과 아래턱(로머와 프라이스의 그림을 고쳐 그림)

육식성 범룡 디메트로돈(A. 차리그)

11. 티라노사우루스의 앞다리가 이상하게 작은 이유

주위를 위압하는 자세를 취하는 티라노사우루스(J.아우구스터와 브리안의 그림을 고쳐 그림)

11. 티라노사우루스의 앞다리가 이상하게 작은 이유

폭군룡 티라노사우루스는 약 7천만 년 전, 중생대 백악기 말경에 지상에 나타났습니다. 친척에 해당되는 것으로 고비 사막에서 발굴된 타르보사우루스(*Tarbosaurus*), 캐나다 앨버타 주에서 발견된 알베르토사우루스(*Albertosaurus*) 등이 있습니다.

이 무리는 모두 앞다리가 매우 작아서 두 가닥의 날카로운 갈고리 발톱뿐이라고 해도 좋을 정도입니다. 입과 뒷다리가 매우 발달하여 앞다리가 쓸모없어졌기 때문으로 생각되나 완전히 없어지지 않은 것은 나름대로 용도가 있었던 것에 틀림없습니다.

티라노사우루스가 옆으로 뒹굴었을 때, 작은 앞다리로 몸을 일으킬 수는 있었겠지만 몸을 지탱하기에는 너무 가늘어서 바로 부러지고 말았을 것입니다. 이같이 육식성 대형 공룡에게만 앞다리 퇴화가 일어난 것은 주목할 일입니다.

이런 육식성 공룡은 피가 뚝뚝 떨어지는 날고기나 호물호물 썩은 고기를 맛있게 먹었습니다. 톱같이 생긴 이 사이에 먹이의 굵은 힘줄이나 고기 조각이 끼고, 때로는 예리한 뼈 조각이 구강

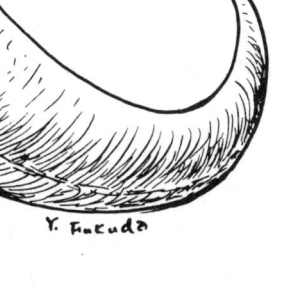

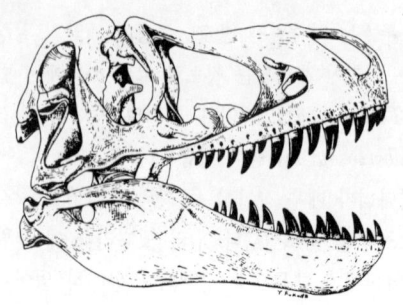

아시아의 폭군룡
타르보사우루스

점막을 찔러서 화농으로 부어오르기도 하였던 것에 틀림없습니다.

현대의 악어는 한가로이 입을 벌리고 있으면 청소하는 새가 깨끗하게 청소해 주기 때문에 고생하지 않으나, 모두가 싫어하는 대형 육식성 공룡에게 그런 편이 있었다고는 도저히 생각할 수 없습니다. 더구나 기름진 몸 안에서 끊임없이 지독한 악취를 주위에 뿌리고 있었으니까요.

그러므로 자신의 일은 자기가 해결해야 합니다. 평소 으스대기만 하는 사람은 난처한 일이 생겨도 아무도 도와주려 하지 않는 것과 마찬가지입니다. 그래서 발톱뿐이라고 하여도 좋을 앞다리가 청소를 담당한 것으로 보입니다. 티라노사우루스 무리는 배가 잔뜩 불러 땅바닥에 엎드렸을 때 머리를 아래로 숙이고 앞다리 발톱으로 이 사이에 낀 냄새 나는 고기 조각이나 힘줄 조각을 긁어냈을 것입니다.

이 무리는 입 안이 매우 불결하여 입 안에 약간의 상처가 나도 바로 화농이 생겨 입을 벌리기조차 고통스러웠을 것입니다. 부어올라 고름이 고인 곳은 앞발톱으로 찔러서 고름을 빼냈을 것입니다. 티라노사우루스 무리가 살아가기 위해서는 오히려 앞다리가 작아져 '이쑤시개'의 작용을 해 주는 편이 좋았다고 할 수 있습니다.

12. 폭군룡 티라노사우루스의 절멸 이유

폭군룡 티라노사우루스의 얼굴(L.B.홀스테드의 그림을 고쳐 그림)

육식성 공룡은 먹이 냄새를 맡고 그것을 몇 배나 증폭하는 특별한 검지기를 갖고 있었을 것입니다.

뱀이 가는 혀를 기분 나쁘게 쏙쏙 내미는 것은 공기 중의 미묘한 냄새 입자를 입 안에 있는 야콥슨(Jacobson) 기관이라는 냄새 감지기로 보내서 식별하고 있는 것입니다.

대형 육식성 공룡의 경우, 냄새가 같은 무리의 것인가 아닌가 구별하기만 하면 습격해 가는 매우 간단한 것이었다고 생각됩니다. 그러므로 폭군룡 티라노사우루스는 몸에서 지독한 악취를 내는 끈적끈적한 기름 같은 물질을 끊임없이 분비하여 서로 잡아 먹는 것을 방지하였다고 생각됩니다. 죽어서 분비가 멈추고 썩는 냄새가 강해지면 같은 무리의 사체도 와삭와삭 씹어 먹었을 것입니다.

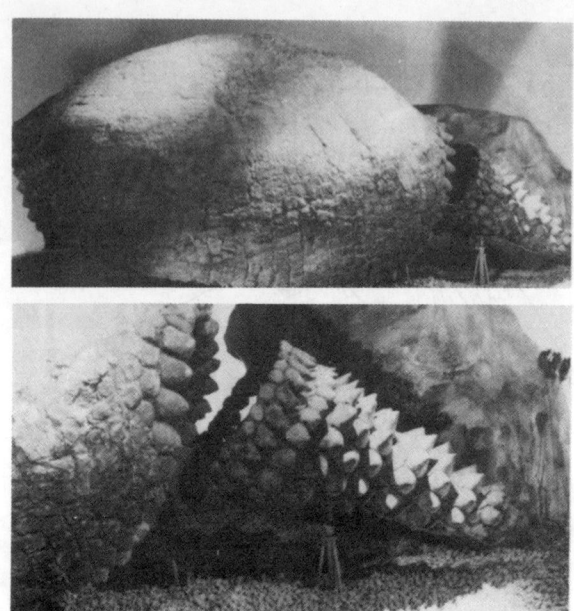

길이 3미터, 높이 1.3미터나 되는 거대한 갑옷을 가진 약 1만 년 전의 왕아르마디로, 글립토돈. 고대인은 이 갑옷을 헛간으로 사용하였다(위). 아래는 예리한 스파이크가 달린 꼬리

폭군룡의 강하고 큰 턱과 뒷다리는, 중전차 같은 장갑 공룡을 차 넘어뜨려 무방비한 아랫배를 물어 찢기 위해 발달하였을 것입니다.

장갑공룡을 위에서부터 10톤 가까운 체중으로 완전히 밟아 공격하여 기가 죽었을 때 차서 옆으로 굴렸을 것입니다. 폭군룡이 서서 땅을 울리며 질주하여 초식성 공룡이나 움직임이 빠른 소형 육식성 공룡을 추적하기는 힘들었을 것입니다.

사고력이 둔한 작은 뇌로 민첩한 먹이를 추적한다는 것은 불가

12. 폭군룡 티라노사우루스의 절멸 이유 93

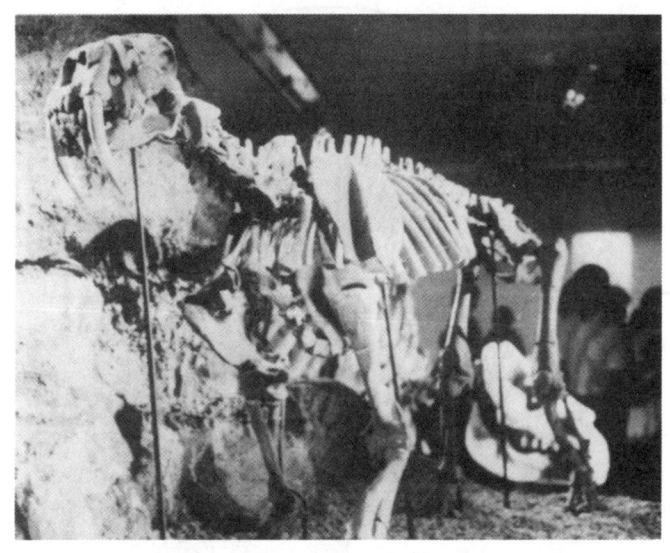

찔러 죽이는 무서운 엄니를 가졌던 사베르 타이거(스밀로돈)의 골격. 이 엄니는 글립토돈의 갑옷도 푹 뚫어 버렸을 것이다

능하였을 것입니다. 조금 추적하다가 방향이 바뀌면 먹이가 어디로 갔는지 몰라 추적을 포기하지 않을 수 없었다고 생각합니다. 거기에다 커다란 몸을 급속히 이동할 때에 필요로 하는 에너지는 막대하였을 것입니다. 그렇게 하여 약간의 고기를 간신히 먹게 되어도 소비된 에너지를 채우기에는 부족하였을 것입니다.

그러나 느릿느릿 땅을 기는 장갑공룡은 폭군룡으로서는 그다지 서두를 상대는 아니었습니다. 천천히 접근하여 뒷다리에 탄력을 가해 힘을 다해 차서 날리면 좋았습니다.

장갑공룡과 매우 닮은 것으로 수만 년 전에 절멸한 왕아르마디

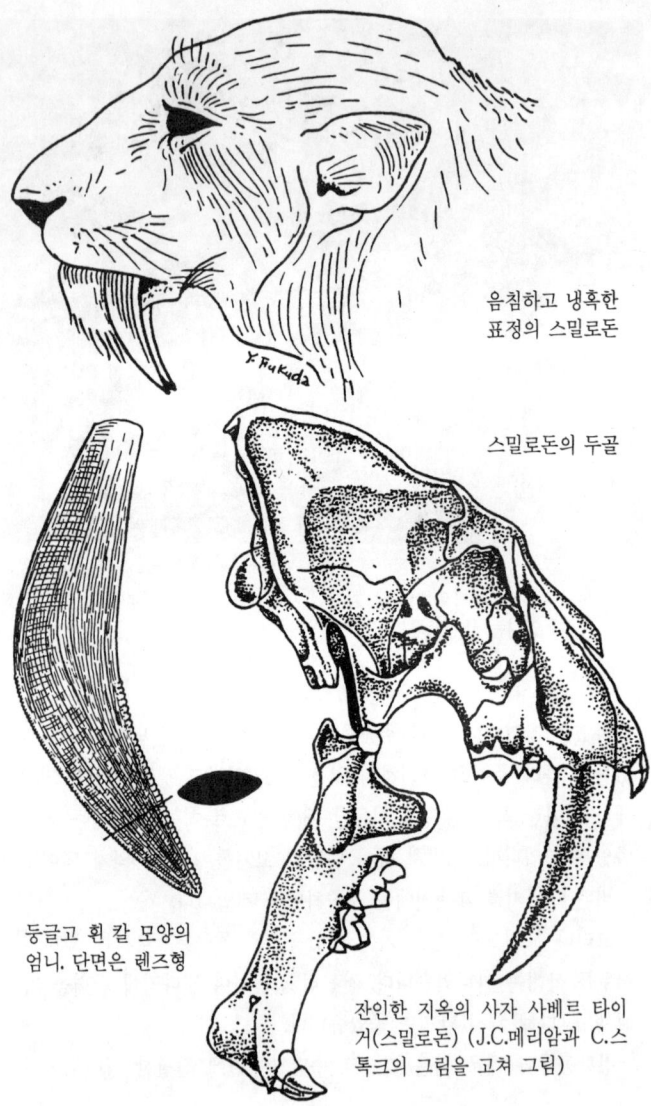

음침하고 냉혹한
표정의 스밀로돈

스밀로돈의 두골

둥글고 흰 칼 모양의
엄니. 단면은 렌즈형

잔인한 지옥의 사자 사베르 타이
거(스밀로돈) (J.C.메리암과 C.스
톡크의 그림을 고쳐 그림)

로(*Big Armadiro*), 글립토돈(*Glyptodon*)이 있습니다. 이 글립토돈은 타일 같은 두꺼운 골질 장갑판이 온몸 구석을 덮고 있습니다. 글립토돈을 전문으로 공격하는 스밀로돈(*Smilodon*)이라는 위턱의 송곳니가 유난히 발달한 호랑이가 있었습니다.

 일본에서는 검치호(劍齒虎)라든가 사베르 타이거(*Saber tiger*)라고 하고 있습니다. 복원도를 보면 검은 눈을 한 지옥의 사자라는 느낌이 듭니다. 사베르 타이거는 예리한 윗턱 송곳니를 장갑판 사이로 찔러 넣어서 상대를 넘어 뜨려 고기와 내상을 정신없이 먹었습니다. 사베르 타이거는 둔한 글립토돈을 주식으로 하고 있었습니다. 그래서 글립토돈이 쇠퇴하자 사베르 타이거도 역시 절멸하였습니다. 그것은 폭군룡 티라노사우루스에 대해서도 마찬가지입니다. 몸길이 15미터, 몸무게 10톤이나 되는 폭군룡은 강대한 턱과 튼튼한 발톱을 갖춘 초대형 뒷다리가 장갑공룡을 공격하기 위해 지나치게 특수화하였습니다. 그러므로 장갑공룡이 절멸하였을 때 운명을 함께 할 수밖에 없었습니다. 너무 커지면 작은 일을 할 수 없게 되는 것은 공룡뿐이 아닙니다. 우리도 크게 배울 점이 있습니다.

13. 공룡의 이갈기

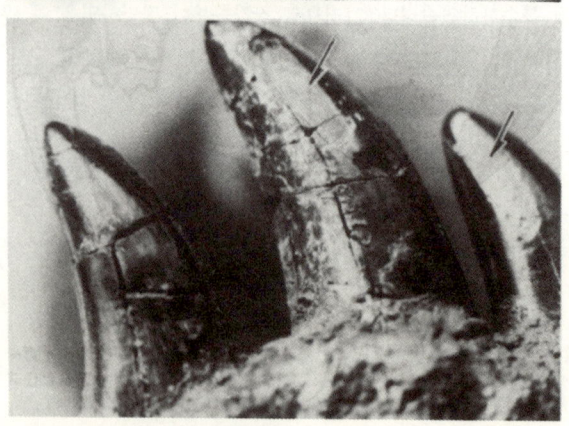

캐나다의 앨버타 주에서 나온 티라노사우루스와 가까운 알베르토사우루스의 턱뼈(위). 총 길이 50cm 정도 된다. 아래는 단검과 같은 이의 일부를 나타낸다. 화살표는 마모 부분

13. 공룡의 이갈기

 육식성 공룡의 이 화석은, 끝의 안쪽에 닳은 듯한 타원형 흔적이 있습니다. 필자는 처음 보았을 때 턱의 뼈에서 빠져 나온 이가 화석이 될 때까지, 물살에 운반되면서 마모된 흔적으로 생각하고 있었습니다.

 그러나 짝이 된 윗턱이나 아래턱 이에도 마찬가지 흔적이 있기 때문에 그렇지 않습니다. 이는 육식성 공룡이 먹이를 정신없이 먹을 때 이가 서로 부딪쳐서 빠드득 빠드득 이갈기하는 것 같은 기분 나쁜 소리를 낸 것을 의미합니다.

 피가 뚝뚝 떨어지는 고기 조각이나 간장, 뱀과 같이 구부러진 내장을 물고 이를 갈면서 깨물어 먹는 육식성 공룡의 모습은 몸서리쳐지는 무서운 광경이었을 것으로 생각합니다. 고기 씹을 때의 이갈기 소리나 피 냄새에 이끌려 같은 무리가 계속 모여들었을 것입니다.

 육식성 공룡이 이갈기하는 것은 이의 배열이 나빴기 때문으로 생각되나 한편으로는 이 표면을 날카롭게 갈아서 고기를 잘 찢게 하는 효과가 있었는지도 모릅니다.

 그것은 푸줏간 주인이 식칼을 철봉형 줄에 비벼 갈아서 고기 조각이나 비계가 얇게 잘 잘라지도록 하는 것과 마찬가지입니다. 그런데 공룡은 사람과는 달리 일생에 몇 번이고 이를 바꿀 수 있었습니다. 현재 살아 있는 악어도 공룡과 마찬가지로 턱뼈 안에 예비 이가 있어서 새 이로 쉽게 바꿀 수 있게 되어 있습니다. 그러므로 육식성 공룡에게 이가 빠뚠 것쯤은 실제 큰 문제는 아니었습니다.

이가 서로 부딪쳐 닳아 생긴 마찰면

부패 고기를 먹은 고르고사우루스의 이. 안쪽에 톱과 같은 날이 있다. 크기는 엄지 손가락 정도

톱날 표면에 많은 선이 파져 있다. 이는 딱딱한 힘줄이나 뼈에 닿았을 때 생긴 것으로 생각된다

단면

육식성 공룡 티라노사우루스의 이

빠져 버린 타르보사우루스의 이. 뿌리 쪽의 파인 자리는 새 이빨의 흔적. 크기는 20cm

13. 공룡의 이갈기

플로리다의 마이오세(약 1500만 년 전)의 이를 가진 악어의 아래턱뼈. 왼쪽 끝은 금방 간 새 이

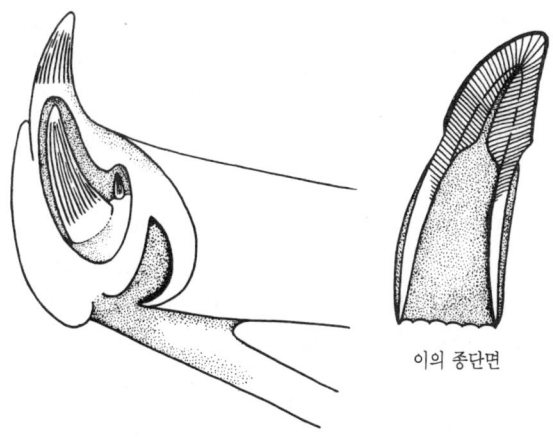

이의 종단면

(왼쪽) 이를 갈기 위해 새 이를 갖춘 악어의 아래턱뼈 횡단면. 공룡도 같았다고 생각된다(M.졸리의 그림을 고쳐 그림)

14. 썩은 고기를 먹은 공룡

육식성 공룡의 호화로운 메뉴에서 눈을 돌려 필자의 도시락을 보고 있으면 점점 한심스러워집니다.

그래도 육식성 공룡은 부패한 동료의 유해에 모여들어 고기와 내장도 먹었습니다. 커다란 공룡이 부패하는 냄새는 지독하였을 것으로 생각됩니다. 파충류 시체에서 나는 썩는 냄새는 어쩐 일인지 다른 동물의 냄새보다 훨씬 강합니다. 강한 햇볕 아래 흐물흐물 썩는 비단구렁이 냄새에는 머리가 흔들려 졸도할 지경입니다.

그러나 어떤 종의 육식성 공룡에게는 썩는 냄새가 식욕을 돋구는 훌륭한 향기였습니다. 고르고사우루스(Gorgosaurus)라는 배불뚝이의 볼품없는 공룡은 썩은 고기만을 전문으로 먹는 초원의 청소부였습니다. 북미 산악 지대에 살고 있는 그리즐리(grizzly : 회색곰)는 현대의 고르고사우루스라고 해도 좋을 정도로 썩은 고기를 아주 좋아합니다. 부패 고기를 먹는 동물은 특별히 강력한 효소를 갖고 있어서 세균 효소를 분해하여 무독화하였을지도 모릅니다.

썩은 고기를 먹는 동물에게 물렸을 때, 상처가 가벼워도 세균이 침입하고 증식하여 독이 퍼져서 죽는 최악의 사태에 처한 공룡도 있었을 것입니다. 이런 상태를 패혈증(敗血症)이라 합니다.

그것은 나름대로, 다시 부패육을 즐기는 공룡의 먹이가 되므로 얄궂은 일입니다. 말할 필요없이 썩은 고기를 먹는 동물의 이가 유해한 세균에 크게 오염되어 있기 때문입니다.

베트남 전쟁시 베트콩은 이것을 잘 응용하여 미리 썩은 고기 속에 죽창을 찔러 놓았다가 함정 속에 꽂아

놓았습니다. 정글 안에서 모르고 돌아다니던 미군이 빠지면 상처도 입고 부패균에게 감염되기도 했습니다.

부패 고기를 탐하는 초원의 청소부 고르고사우루스(꽘베에서 개사)

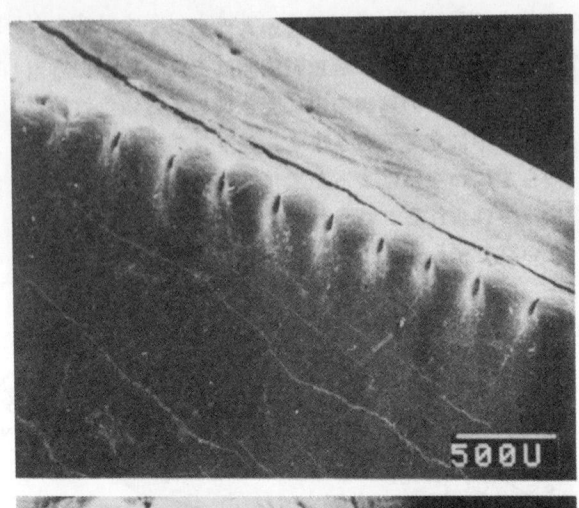

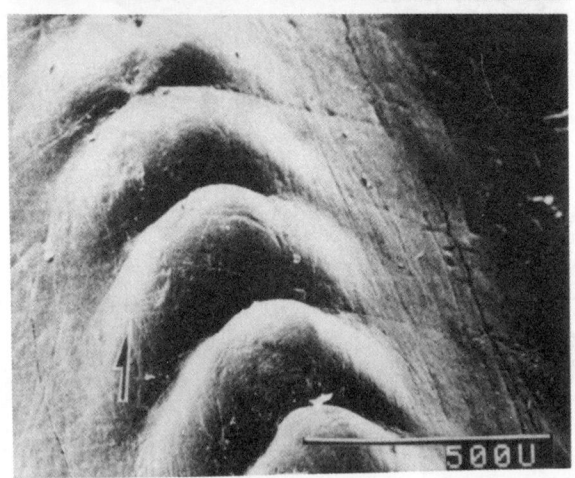

부패 고기를 전문으로 먹은 고르고사우루스의 이. 아래는 톱날같이 파인 부분의 확대 사진. 무수한 선이 파여져 있는 홈터(화살표)가 에나멜질 표면에 보인다(U는 미크론)

15. 공룡 혀의 구조

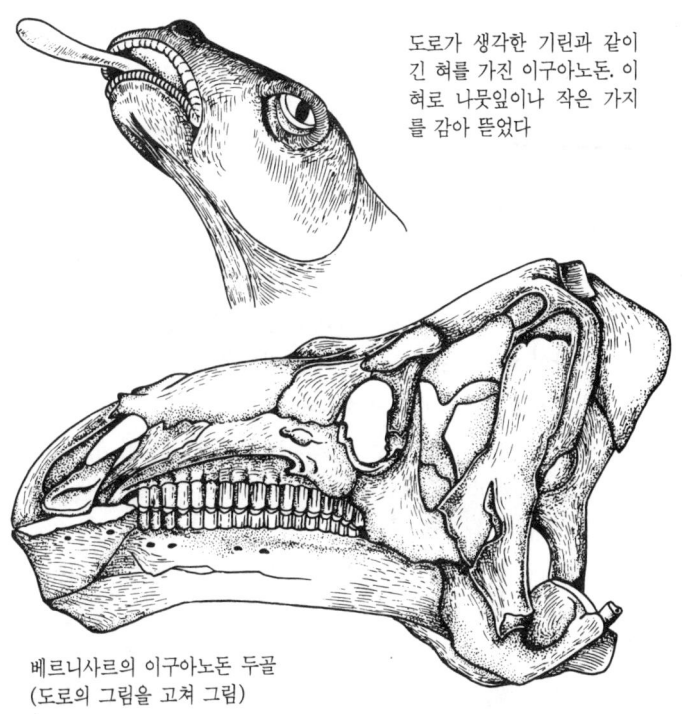

도로가 생각한 기린과 같이 긴 혀를 가진 이구아노돈. 이 혀로 나뭇잎이나 작은 가지를 감아 뜯었다

베르니사르의 이구아노돈 두골
(도로의 그림을 고쳐 그림)

 공룡도 우리와 마찬가지로 혀가 있던 것이 확실합니다. 형태는 소나 기린과 같이 어느 정도 폭이 있고, 길게 늘어나는 삼각형인 것, 표면에 가시가 난 것, 뱀같이 두 가닥으로 갈린 것 등 여러 형이 있었다고 생각됩니다.

그러나, 유감스럽게도 공룡 혀는 그다지 연구되어 있지 않습니다. 이구아노돈의 턱뼈 화석을 자세히 조사한 프랑스의 저명한 고생물학자 도로는 오리 주둥이 같은 아래턱뼈 안쪽에 폭넓은 길이의 홈이 있는 것에 주목하였습니다.

그리고, 이 홈이야말로 혀가 있던 자리라고 확신하였습니다. 이구아노돈은 기린과 같이 근육질로 굴곡성이 풍부한 긴 혀로 소철 열매나 잎을 입에 넣어 튼튼한 이로 씹어 부수었을 것이라 하였습니다. 때로는 작은 가지를 말아 감는 작용을 하였는지도 모릅니다.

이 학설은 현재 널리 지지되고 있어서 긴 혀를 능숙하게 움직여 먹이를 얻고 있는 이구아노돈의 복원도가 그려져 있습니다. 그러므로 이구아노돈의 혀는 혀 스테이크로 하여도 좋지 않았을까요.

육식성 공룡은 혀 표면에 각질의 가는 가시가 있어서 줄로 갈아 내는 것같이 뼈에서 고기를 긁어 내는 것도 있었을 것입니다.

그것은 고양이 혀와 비슷할 것입니다.

현재의 파충류도 그렇지만 공룡도 맛에 대해 그렇게 까다로운 동물은 아니었다고 생각됩니다. 그것은 파충류의 혀에는 맛을 느끼는 미뢰(味蕾)가 대체로 발달하지 않았기 때문입니다. 인간의 경우는 그 반대입니다. 공룡 혀는 대부분 먹이를 입에 넣는 데 사용되었을 것입니다. 그래서 혀 위에 먹이가 놓여 있는 것을 느끼는 감지기가 분포하고 있다고 생각됩니다. 코끼리의 혀는 미뢰가 퇴화하였으나 촉압(觸壓) 감지기가 매우 잘 발달하고 있습니다. 거친 먹이에 견딘 초식성 공룡의 혀를 생각하면 코끼리 혀는 좋은 견본이 됩니다.

16. 피부에서 독액을 분비하여 몸을 보호한 공룡

고생대 페름기의 광포한 육식성 수형류
이노스트란케비아의 두개골
(H.N.허치슨)*27)

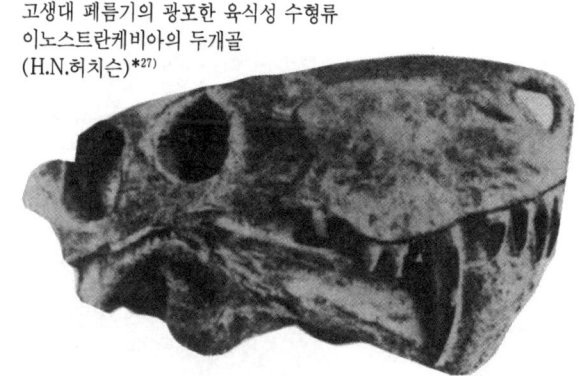

공룡의 피부는 특수한 조건이 아니면 화석으로 남는 일이 없습니다. 소형 육식성 공룡이나 초식성 공룡은 흉포한 대형 육식성 공룡으로부터 몸을 보호하기 위한 수단으로 빨리 달리거나, 뿔 같은 무기로 반격하거나, 딱딱한 골제의 갑옷으로 몸을 보호하거나 하는 방법이 있었습니다.

이 세 가지는 남아 있는 화석으로 쉽게 알 수 있습니다. 그러나 화석으로 남아 있지 않다고 다른 방어 수단이 없었던 것은 아닙니다.

독도마뱀이나 독개구리 같은 파충류나 양서류는 피부에 독액을 분비하는 세포 덩어리를 가지고 있어서, 모르고 먹으면 피를 토하고 죽게 됩니다. 또, 독액에 접촉한 것만으로 눈이 멀거나 지독한 피부병이 생깁니다. 그러므로 독도마뱀이나 독개구리를 먹는 동물

페름기의 초식성 수형류 스쿠토사우루스
(J.아우가스타와 브리안의 그림을 고쳐 그림)

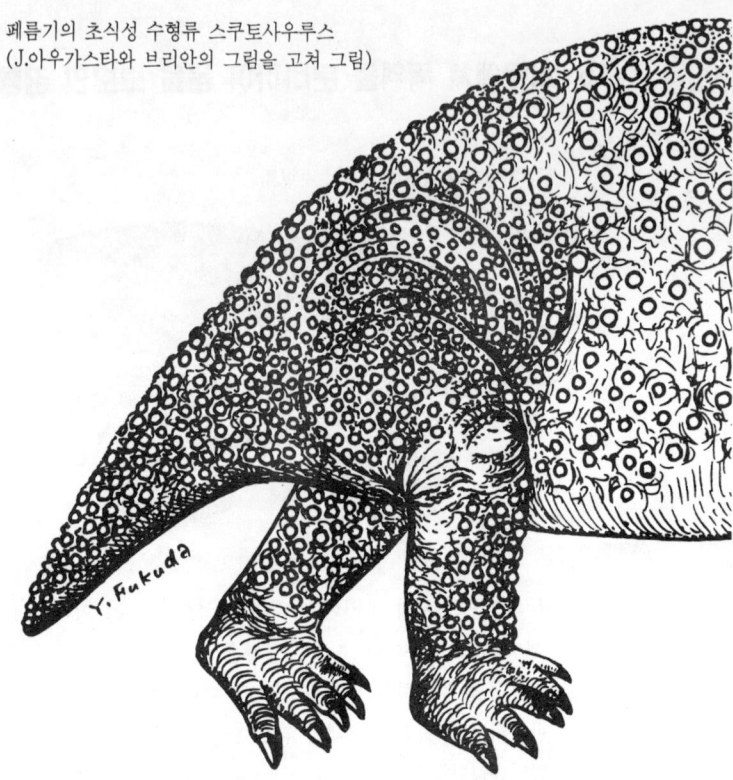

은 거의 없습니다. 몸의 색도 일부러 눈에 띄게 빨강이나 노랑의 원색을 하고 있습니다.

공룡의 무리도 이런 방어법이 있었습니다. 고생대 말기에서 트라이아스기에 걸쳐 번성한 수형류는 엄밀한 의미에서 공룡이라 할 수 없으나 이노스트란케비아(*Inostrancevia*)나 이반토사우루스(*Ivantosaurus*)라는 칼같이 예리한 이를 가진 육식성과, 얌전한 초식성의 리스트로사우루스(*Lystrosaurus*) 두 그룹이 있었습니다.

16. 피부에서 독액을 분비하여 몸을 보호한 공룡 *107*

  둔하고 굼뜬 스쿠토사우루스(*Scutosaurus*) 등은 독액 분비형 방어법을 몸에 갖추었을 것입니다. 스쿠토사우루스 어미와 새끼의 완전한 화석이 여럿 발견되었으나 몸의 표면에 갑옷 흔적이 전혀 없으므로 무엇인가 특별한 방어 장치를 갖고 있었을 것입니다. 스쿠토사우루스 복원도의 우툴두툴한 몸의 거죽은 독액의 분비선이었을 가능성이 큽니다.

17. 공룡의 고기맛

악어는 북미 남부나 아마존강 상류와 동남 아시아에 널리 분포하고 있으며, 고기를 먹기 위해서라기보다는 핸드백이나 지갑용 가죽을 얻기 위해 많이 잡고 있습니다. 남획 탓으로 절멸 직전에 있는 곳도 있습니다. 가죽을 벗긴 악어 고기는 현지인에게 중요한 단백질원이 됩니다. 고기맛은 닭고기같이 담백하고 맛있다고 합니다. 뱀이나 도마뱀 고기도 맛이 비슷한 것 같습니다. 바다거북의 고기는 상등품의 스테이크가 됩니다.

대체로 파충류 고기는 다른 동물의 고기보다 담백하고 맛있는 것이 많은 것 같습니다.

공룡 고기는 어떠하였을까요. 피가 뚝뚝 떨어지는 날고기나, 때로는 썩은 고기마저 게걸스럽게 먹던 폭군룡 티라노사우루스의 고기는 필자 생각으로 너무 냄새가 심하고 딱딱하여 스테이크로 내어놓아도 거의 식욕이 나지 않을 것으로 생각됩니다.

맛있는 고기는 초식성 공룡이었을 것입니다. 특히 오리너구리룡 고기는 지방이 적당히 들어 있어서 쇠고기에 가까웠을 것입니다. 그러므로 육식성 공룡은 오리너구리룡에 눈독을 들여 습격할 틈을 엿보고 있었을 것입니다.

그러나 민첩하게 돌아다니는 오리너구리룡에게 접근할 기회는 그다지 많지 않았을 것입니다. 일명 뇌룡이라고 하는 브론토사우루스 같은 초대형 공룡 고기는 성장 촉진제로 키운 돼지 고기같이 물기가 많아 별로 맛이 없었을 것입니다. 그래서 오히려 초대형 공룡이 번성하게 된 원인이 되었다고 생각됩니다.

18. 공룡의 뇌와 감각기

보통, 뇌란 대뇌, 소뇌, 연수(延髓) 세 부분으로 되어 있습니다. 대뇌는 사물을 생각하거나 기억하는 부분입니다. 소뇌는 운동이나 신체의 균형을 담당하며, 연수는 호흡의 중추(中樞)입니다. 동물은 뇌를 파괴하면 커다란 손상을 받습니다. 두개골은 주로 뇌를 보호하기 위한 보호장치입니다. 뇌가 수용되어 있는 부분을 뇌두개(腦頭蓋)라고 하기도 합니다. 뇌는 뼈의 내부에서 다시 석 장의 두꺼

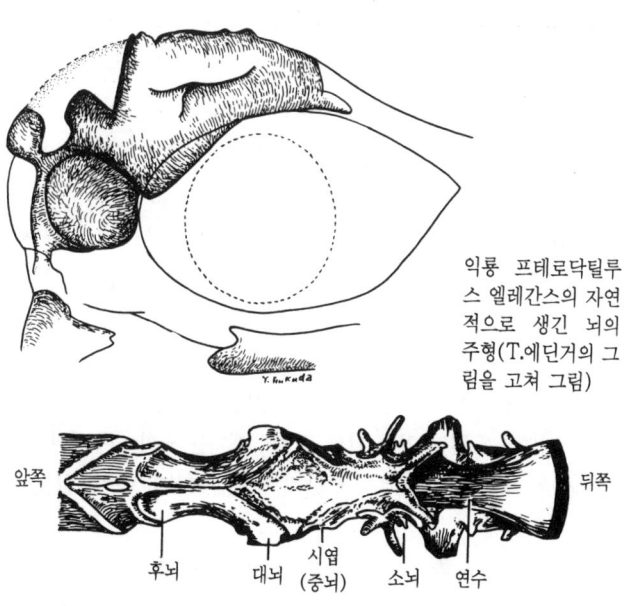

익룡 프테로닥틸루스 엘레간스의 자연적으로 생긴 뇌의 주형(T.에딘거의 그림을 고쳐 그림)

티라노사우루스 뇌의 주형 표본. 뒤에서 본 그림(오스본의 그림을 고쳐 그림)

파라사우롤로푸스 우오르케리의 두골
(D.B.와이즈함펠과 J.A.젠센의 그림
을 고쳐 그림)

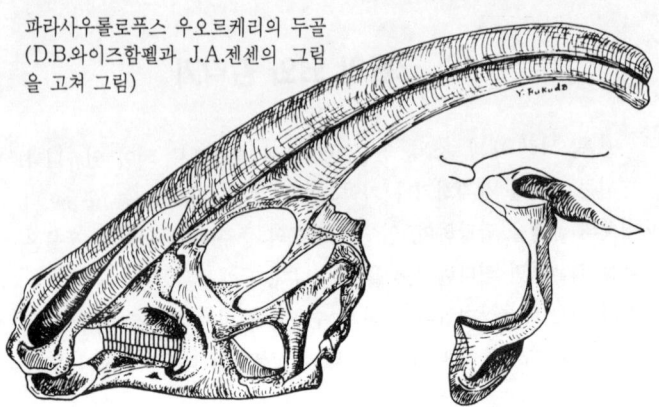

트리케라톱스의 혀뼈(룰의 그림을 고쳐 그림)

운 막으로 싸이고, 그 사이에 업소버의 역할을 하는 림프액이 있습니다. 뇌는 신체의 모든 중추가 모여 있는 장소이므로 그렇게 지나치다 할 만큼 엄중하게 보호되고 있습니다.

두개골에 구멍을 뚫고 합성수지를 녹여 넣고 굳힌 뒤 산으로 뼈를 녹여 제거하면 뇌의 주형이 만들어집니다. 그 주형을 조사하면 뇌의 크기나 모양을 알 수 있습니다. 그렇지만 이 방법은 뼈만 남아 있을 때에 한합니다.

절멸한 척추동물의 경우, 뇌가 들어 있던 곳에 결이 고운 진흙이 들어가 기대하지 않던 천연 뇌의 주형이 생기는 일이 있습니다. 익룡(翼龍)의 뇌는 그런 결과로 생긴 주형 연구로부터 복원되었습니다.

그러나, 그런 운 좋은 예는 적기 때문에 많은 경우 화석화한 머리뼈의 종단면을 만들어서 합성수지를 부어 넣어 주형을 만듭니다. 예전에는 납을 녹여 주형을 만들었기 때문에 매우 힘들었을 것으

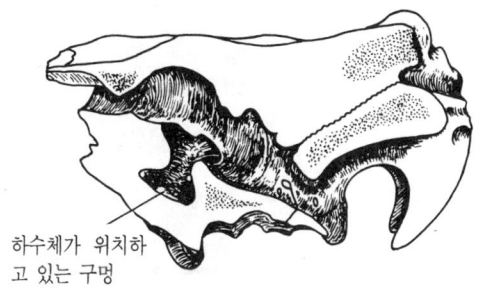

오리너구리룡 아나토사우루스의 뇌실 종단면 (룰과 라이트의 그림을 고쳐 그림)

하수체가 위치하고 있는 구멍

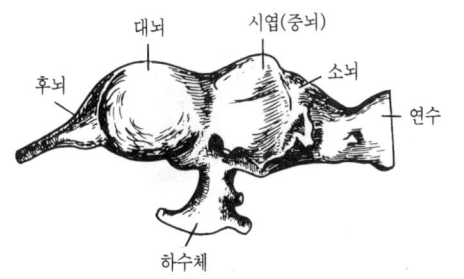

대뇌
시엽(중뇌)
후뇌
소뇌
연수
하수체

아나토사우루스의 뇌의 주형 표본. 전체 길이 24cm 정도 (룰과 라이트의 그림을 고쳐 그림)

로 생각합니다.

폭군룡 티라노사우루스는 주형으로 볼 때 가늘고 길고, 매우 단순한 뇌를 가졌습니다. 그러나 후뇌(嗅腦)가 대형이므로 먹이를 찾을 때 후각에 상당히 의존하고 있던 것을 알 수 있습니다. 오리너구리룡도 후각이 잘 발달되었다는 것을 뇌의 주형으로부터 알게 되었습니다.

일반적으로 공룡 뇌는 모두 하수체(下垂體)가 큰 점이 특징입니다. 하수체는 생식선의 발육을 촉진하는 호르몬이나 성장 호르몬을 분비하는 곳입니다. 공룡은 덩치가 클수록 당연히 성장 호르몬이 많이 필요합니다. 그러므로 하수체가 큰 것은 별로 놀랄 일이 아닙니다. 또, 생식은 종속(種屬)을 유지하기 위해 필요합니다. 생식선

코리토사우루스의 머리에 있는 긴 관 모양의
후각기(오스트롬의 그림을 고쳐 그림)

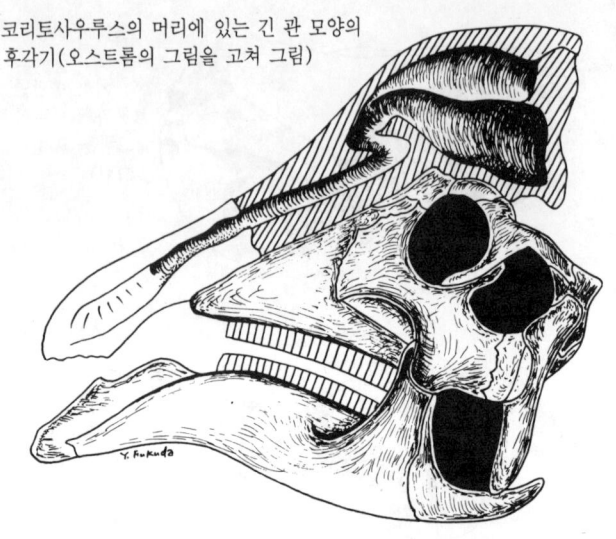

 자극 호르몬은 번식기에 혈액 속으로 방출되었을 것입니다. 그것은 호르몬 분비에 일정한 주기가 있었던 것을 나타내고 있습니다.
 하수체의 호르몬 분비량을 조절하는 부분은 뇌의 시상하부(視床下部)라는 부분입니다. 호르몬이라는 말은 '잠에서 깨어나게 하는 것'이라는 의미입니다. 대부분의 공룡은 대뇌나 소뇌가 잘 발달하였다고는 할 수 없습니다. 그러므로 행동의 기본은 본능이 시키는 대로 단지 잠자코 움직이는 것이라고 해도 좋을 것입니다.
 현재의 파충류 눈은 색채를 제법 상당히 뚜렷하게 식별할 수 있습니다. 공룡도 색의 식별에 뛰어났던 것은 사실일 것입니다. 초식성 공룡은 방어를 위해 녹색 또는 갈색을 띤 피부빛을 하고 있었다고 생각됩니다.
 폭군룡 티라노사우루스에게 다른 공룡이 일부러 다가가는 일은

18. 공룡의 뇌와 감각기 *113*

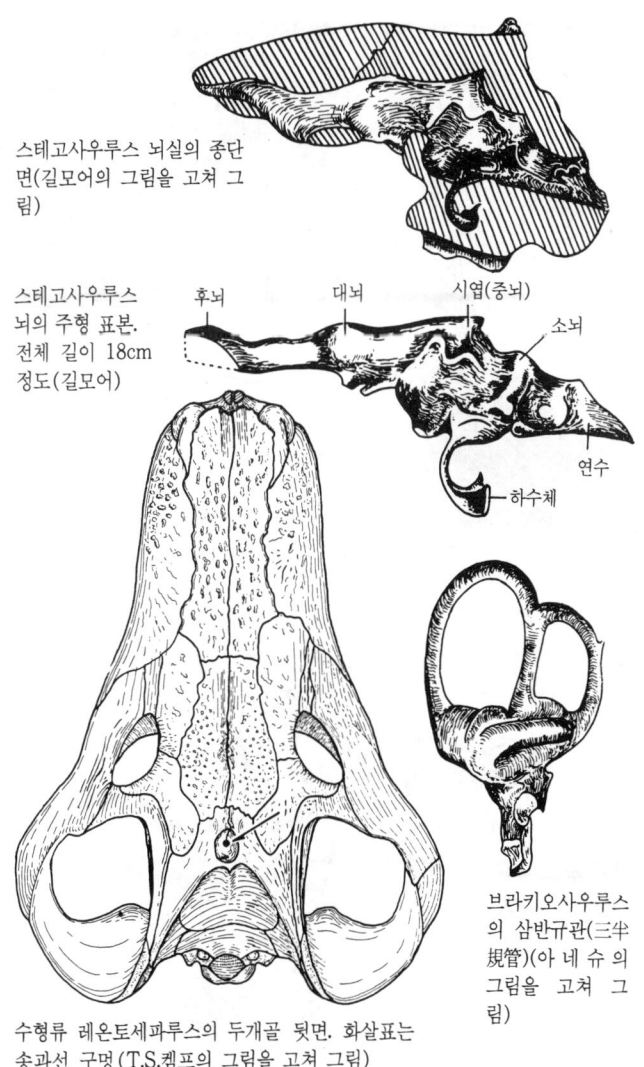

스테고사우루스 뇌실의 종단면(길모어의 그림을 고쳐 그림)

스테고사우루스 뇌의 주형 표본. 전체 길이 18cm 정도(길모어)

후뇌 대뇌 시엽(중뇌) 소뇌 연수 하수체

브라키오사우루스의 삼반규관(三半規管)(아 네 슈 의 그림을 고쳐 그림)

수형류 레온토세파루스의 두개골 뒷면. 화살표는 송과선 구멍(T.S.켐프의 그림을 고쳐 그림)

옛도마뱀 스페노돈 푼크타투스. 전체 길이 70cm 정도이다.(레루스)[27] 왼쪽은 귀뚜라미를 잡아먹으려 하는 옛도마뱀(G.C.고르니악 등)

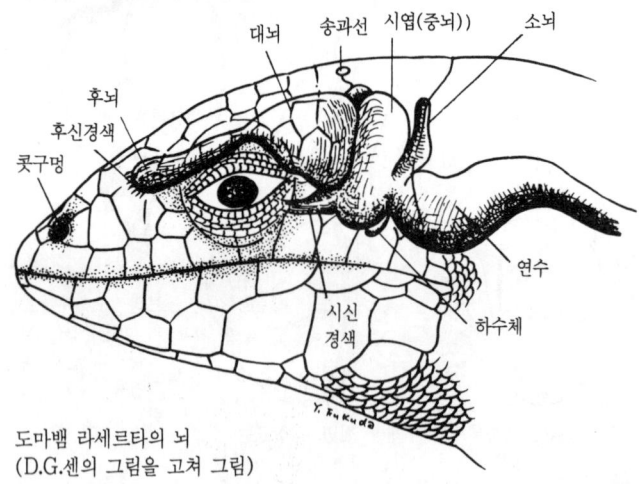

도마뱀 라세르타의 뇌
(D.G.센의 그림을 고쳐 그림)

거의 없었다고 생각합니다. 그렇다면 일부러 몸을 감출 필요는 없기 때문에 적갈색의 밝은 색을 한 피부로 덮여 있었는지도 모릅니다. 물론 피부라고 해도 그 표면은 크고 작은 비늘로 보호되고 있었겠지요.

안킬로사우루스 같은 장갑공룡은 모래나 흙에 가까운 다갈색을 띠고 있었을 가능성이 있습니다.

공룡의 가는 귀뼈 화석을 연구한 결과, 공룡은 우수한 청각을 가진 것으로 나타났습니다. 그것은 번식기에 암컷을 불러서 만나고, 으르렁거리는 소리를 크게 내어 상대를 위협하는 데에 유효하였다고 생각됩니다.

고생대 말기와 중생대 초기의 양서류와 수형류의 머리 중앙에 제3의 눈이라는 것이 있었습니다. 화석화한 머리뼈를 조사하면 중앙에 둥글고 작은 구멍이 뚫려 있습니다. 그 곳이 제3의 눈이 있던 장소입니다. 옛도마뱀 무리는 지금도 머리 윗부분에 제3의 눈을 가지고 있습니다.

캘리포니아 대학에서 운동학을 가르치고 있는 리처드 아킨 박사는 스셀로포우라스(*Scelopouras*)라는 원시적인 도마뱀의 제3의 눈을 조사하여 각막, 렌즈, 망막의 세 가지가 존재하였다고 하였습니다.

스셀로포우라스의 제3의 눈은 매우 중요한 작용을 하였습니다. 즉 태양 광선의 세기를 느껴 체온 상승을 촉진시켜, 먹이를 섭취하는 운동을 활발하게 합니다. 그것은 제3의 눈을 만들어 낸 스셀로포우라스와 다른 것을 비교하여 알아낸 결과입니다. 제3의 눈은 고생대와 중생대의 양서류와 수형류에게 훌륭한 눈의 작용을 하고 있었다고 생각됩니다.

그것은 위쪽에서 습격하여 오는 적을 조기에 알아채는 장치였을

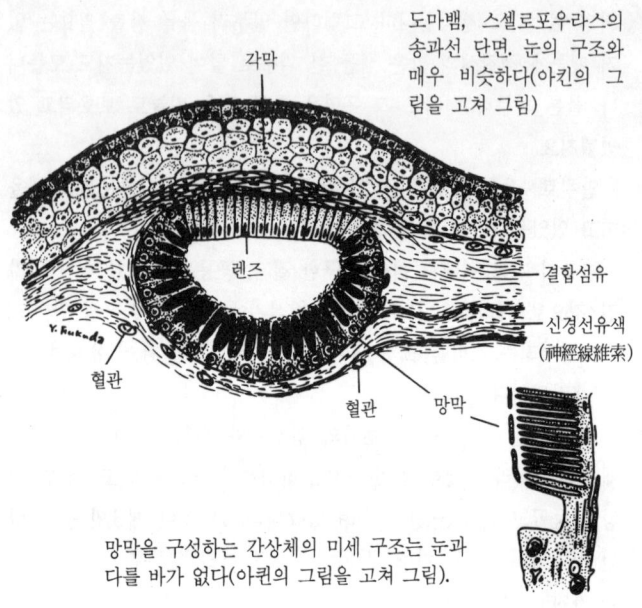

도마뱀, 스셀로포우라스의 송과선 단면. 눈의 구조와 매우 비슷하다(아킨의 그림을 고쳐 그림)

망막을 구성하는 간상체의 미세 구조는 눈과 다를 바가 없다(아퀸의 그림을 고쳐 그림).

것입니다. 육식성 동물은 상대의 몸 위로 덥쳐 습격하였으며 그 때 그림자가 드리워지기 때문에 적의 접근을 알게 됩니다.

우리 인간을 포함한 포유동물에게 제3의 눈은 송과선(松果腺)이라는 내분비 기관으로 변해 버렸습니다. 거기에서 분비되는 호르몬, 멜라토닌(melatonin)은 생식선의 발육, 성주기에 관여하였다고 합니다.

19. 공룡의 혈액과 심장

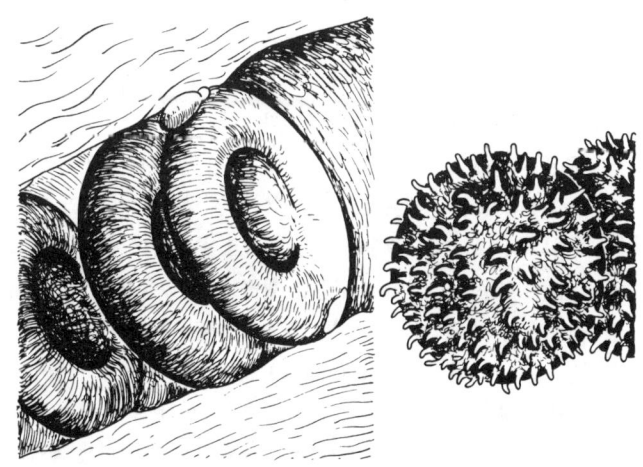

약 4만 년 전 얼어 버린 생후 8개월 매머드 새끼에서 검출된 혈구화석. 왼쪽은 적혈구, 오른쪽은 다수의 작은 돌기를 가진 볼과 같이 생긴 백혈구. 놀랄 정도로 형태가 잘 보존되어 있다(니콜라이·K.베렌차긴의 그림을 고쳐 그림)

 손가락에 상처를 입으면 빨간 피가 흘러 나옵니다. 가벼운 상처는 놔두면 얼마뒤 피가 멈추고, 검은 덩어리가 생깁니다. 그것을 딱지라고 하며 그 밑에 새로운 피부가 생겨서 상처는 완전히 낫습니다.
 동물의 몸은 기계와 달리, 고장난 곳을 스스로 회복하는 능력을 갖고 있습니다. 빨간 혈액을 슬라이드 글라스 위에 한 방울 떨어뜨려 현미경으로 살펴보면 둥근 적혈구가 대부분인 것을 알 수 있습니다.

적혈구 사이에 대형의 백혈구나 작은 림프구, 혈소판이 있습니다. 인간을 포함한 포유동물의 적혈구에는 핵이 없습니다. 그러나 어떤 일에나 예외는 있는 법으로 낙타의 적혈구에는 훌륭한 핵이 있습니다. 적혈구의 역할은 산소를 운반하는 일입니다. 백혈구나 림프구에는 핵이 있고, 몸에 들어온 이물을 제거하는 임무와 면역이라는 중요한 임무를 담당하고 있습니다.

공룡은 어떨까요. 공룡 혈액의 화석은 유감스러우나 발견되어 있지 않습니다. 혈구의 세포막은 단백질이나 지방질로 되어 있고, 매우 약합니다. 그러므로 동물이 죽으면 바로 분해되어 버립니다. 그러나 현재 학문적으로 매우 귀중한 혈액 화석이 알려진 결과로서는 약 4만 년 전의 시베리아 툰드라에서 나온 디마라는 애칭으로 불리는 생후 8개월 된 매머드(맘모스) 새끼의 혈관 속에 적혈구가 들어 있던 경우와, 독일 라이프치히(Leipzig)의 북쪽에 있는 할레(Halle) 시에서 남쪽으로 20킬로미터 정도 떨어진 가이셀 계곡의 5천만 년 전(제3기 에오세)의 지층에서 발견된 도마뱀의 미라 화석의 혈관 내부에 대량의 혈구가 있었던 경우입니다.

매머드 새끼는 갑자기 빙하의 크레바스(crevasse)에 떨어져서 두꺼운 얼음 속에 묻혀 버렸기 때문에 보통이라면 남아 있을 리 없는 혈액이 죽은 뒤에도 분해되지 않고 그대로 원형을 유지하게 되었습니다.

공룡 혈액의 모습은 현재 살아 있는 새나 악어에서 추정해야 합니다. 새나 악어의 적혈구는 모두 핵을 가지며 형태도 타원형입니다. 크기는 지름이 10~15미크론, 작은 것은 6~8미크론입니다. 공룡의 적혈구도 아마 비슷하였을 것으로 생각됩니다.

상처를 입어서 화농(化膿)에 걸린 공룡이 알려져 있습니다. 체내로 침입하여 들어온 세균 같은 이물을 백혈구가 세포 내로 끌어넣어 분해하려고 하지만 세균이 더 강하면 백혈구는 바로 죽어 버립니다. 고름은 백혈구의 사체와, 상처의 살이나 그물눈 같은 결합 조직이 부패한 것으로, 이 현상을 화농이라고 합니다. 그러므로 공룡은 적혈구 외에 생체 방어용 백혈구도 갖고 있었습니다.

혈액은 골수나 비장(脾臟:지라), 신체 각 부위에 있는 림프절이라는 콩알 같은 흰 덩어리 부분에서 왕성하게 만듭니다. 혈액을 혈관 속으로 밀어 내기 위해서는 펌프가 필요합니다. 심장은 몸 구석구석까지 혈액을 순환시키기 위해 특별히 설계된 효율 좋은 펌프입니다.

심장벽은 심외막(心外膜), 심근(心筋), 심내막(心內膜)의 세 층으로 되어 있습니다. 조류와 포유류의 심장은 이심방(二心房), 이심실(二心室)로 되어 있고, 대개 수은주를 100밀리미터에서 180밀리미터 정도 올리는 압력을 혈액에 가하고 있습니다. 이것은 통상 혈압이라고 합니다. 의사는 혈압계를 보면서 "당신은 혈압이 좀 높군요" 하며 주의하게 됩니다.

악어의 심장은 불완전한 이심방 이심실로 조류나 포유류와 매우 비슷합니다. 예일 대학의 공룡학 전문가 오스트롬 박사는 공룡의 심장은 포유류형이었다고 생각하고 있습니다. 즉, 뇌룡 브라키오사우루스는 심장에서 6미터나 위에 있는 머리까지 혈액을 보내려면 수은주로 500밀리미터나 되는 압력이 필요합니다.

만약 우리의 혈압이 500밀리미터나 되면 몸의 혈관이 한꺼번에 터져서 즉사하게 됩니다. 그것은 공룡도 마찬가지입니다. 그러므로 브라키오사우루스는 이심방 이심실의 포유류형의 심장을 가지고 있어서, 한편에서는 좀 높은 압력을 가해 머리에 혈액을 보내고, 다른 한편에서는 반대로 압력을 저하시켜 폐로 혈액을 보냈다고 생

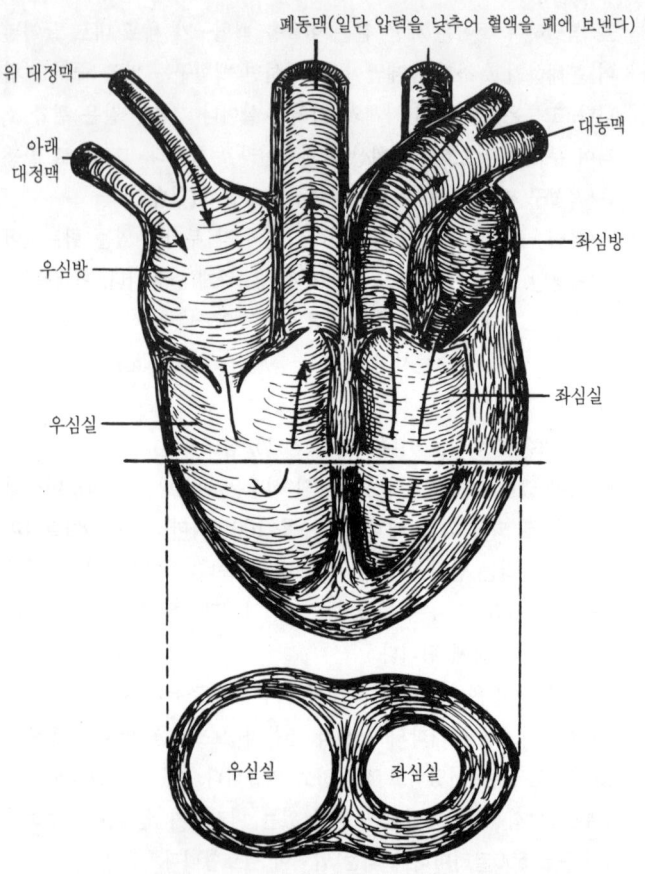

공룡의 심장은 그림과 같이 포유류형이었다고 생각된다. 특히 좌심실 벽이 두껍다(화살표는 혈액의 흐름)

각하는 편이 합리적입니다. 심장을 통째로 잘라 보면 좌심실 벽이 우심실보다 몇배 두껍습니다.

20. 공룡의 위석(胃石)

최근의 공룡학 진보는 주시할 만합니다. 그 중 초식성 공룡은 미생물의 힘을 빌려 식물섬유를 소화하는 형태로 변하였다는 생각이 있습니다.

목장에서 한가로이 풀을 뜯고 있는 소의 배가 잔뜩 부른 것은 몸에 네 개의 위를 가지고 있기 때문으로, 그 중 첫번째 위가 전체의 80% 가까이 차지하고 있습니다. 크기는 어른도 구부리면 들어갈 정도입니다.

소는 첫째 위에서 미생물을 배양하여 딱딱한 식물섬유를 분해합니다. 북미의 쥐라기나 백악기층에서 나온 초식성 공룡의 분화석(糞化石)은 쇠똥과 매우 비슷합니다. 그것은 소와 같이 체내에 커다란 미생물 배양 탱크를 가지고 있던 것을 나타내는지도 모릅니다.

또 소는 위 속에 각종 박테리아를 갖고 있으며 대량의 원생동물도 배양하고 있습니다. 소는 식물뿐만 아니라 원생동물도 함께 흡수해 버립니다. 그러므로 소는 탄수화물과 단백질을 어렵지 않게 보급받습니다.

초식성 공룡의 복원도는 많은 경우 배가 잔뜩 나와 있습니다. 그것은 소화용의 미생물 배양 탱크를 무의식 중에 묘사하였기 때문인지도 모릅니다.

트리케라톱스(*Triceratops*)라는 뿔이 세 개 달린 대형 초식성 공룡의 이는 매우 빈약합니다. 그러나 턱뼈 안에 잔뜩 들어 있는 예비 이로 쉽게 이갈이할 수 있었습니다. 머리 주위에 있는 골제판은 강대한 턱 근육이 부착되어 있었고 원래 피부로 싸여 있었다는 새

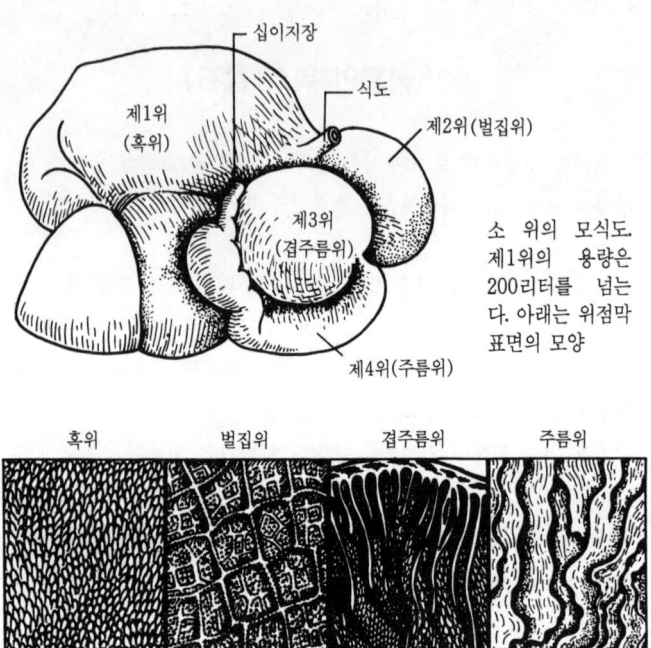

소 위의 모식도
제1위의 용량은 200리터를 넘는다. 아래는 위점막 표면의 모양

로운 설이 있습니다.

트리케라톱스는 소화용의 거대한 미생물 배양 탱크를 가졌을 가능성이 크므로 식물을 무리하게 씹어 부수지 않아도 되었으리라 생각됩니다. 만약 그래도 부족하면 소같이 되씹으면 되기 때문입니다.

그러므로 트리케라톱스의 머리 주위에 있는 골제판은 목 부분을 보호하기 위한 방패로 생각하는 편이 좋을 것입니다.

목은 굵은 혈관이나 신경 다발, 기관, 식도 등의 통로로, 상처를 입으면 전화 케이블이 끊어진 것 같아서 복구하기까지 상당한 혼란이 오고 시간이 걸립니다.

공룡의 분(糞) 속에는 식물섬유나 종자 조각이 보이지 않습니다. 그것은 미생물에 의해 소화 작용을 받은 데에도 원인이 있지만 강한 소화액이 분비되고 있었고, 위 속에 들어 있는 위석(胃石 ; 소화석)이라는 매끈매끈하고 어린애 주먹만한 석영질의 돌과 먹이가 함께 교반(攪拌)되어 잘게 부수어진 데에도 원인이 있습니다.

벨기에나 프랑스의 백악기 전기 지층에서 나오는 이구아노돈의 짓으로 생각되는 분화석에서 소화되지 않은 흔적은 거의 보이지 않습니다.

초식성 공룡은 먹이를 이로 대충 씹어서 위석이 들어 있는 위 주머니로 보내며 먹이는 위석의 작용으로 잘게 부수어집니다.

그 때 '되씹기'를 하였는지도 모릅니다. 그 다음 소화용의 미생물 배양탱크로 보내져 거기에서 식물섬유는 물러진 다음 뒤의 장으로 보내져서 영양원으로서 흡수되었을 것입니다.

그런데 닭을 비롯한 조류는 대부분 소화를 돕기 위해 위석을 가지고 있습니다. 아프리카의 사막 지방에 사는 타조의 위석 중에는 다이아몬드 원석이 들어 있다고 합니다.

현재 살아 있는 파충류로서는 악어가 유일하게 위석을 가지고 있습니다. 악어는 위 내벽에 격자 같은 점막의 주름이 발달하였고 위석은 격자에 딱 맞는 크기입니다.

악어는 성장에 따라 격자상 점막 주름도 커지므로 위석도 거기에 맞도록 큰 것으로 바뀝니다.

악어는 조류와 달리 '모래 주머니'가 없습니다. 모래 주머니는 위벽 내부에 각질의 막과 바깥쪽에 두꺼운 근육층을 가지고 있습니다.

백악기에 출현한 사상 최대, 최강의 악어 포보수쿠스(*Fovosuchus*)는 몸길이가 15미터나 되며, 유해에서 합계 100개 가까운 위

딱딱한 풀을 물어 끊는 트리케라톱스
(J.아우가스타와 브리안의 그림을 고쳐 그림)

각룡류 트리케라톱스의
복원도(J.C.맥클로린의
그림을 고쳐 그림)

석이 발견되었습니다.

공룡도 대량의 위석을 갖고 있었으므로 위 내벽에 현재의 악어 같은 격자상 점막 주름이 있었을 가능성이 큽니다.

그림(Grimm)의 동화에 나오는 「7마리의 새끼 산양」의 얘기를

20. 공룡의 위석(胃石) 125

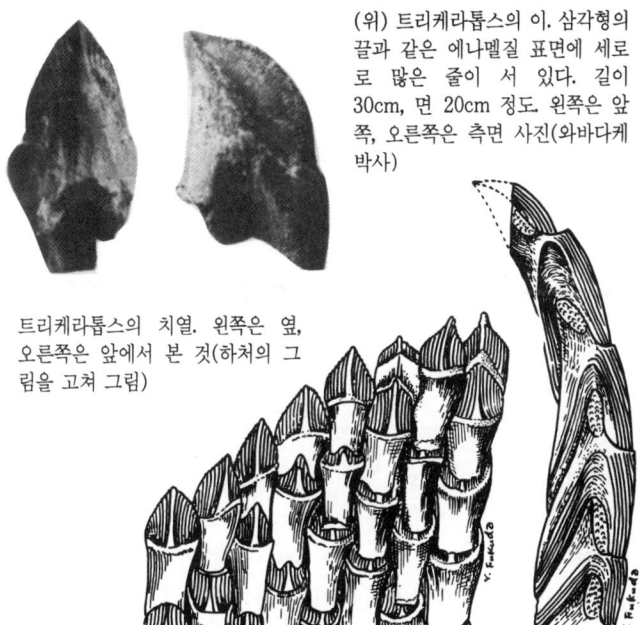

(위) 트리케라톱스의 이. 삼각형의 끝과 같은 에나멜질 표면에 세로로 많은 줄이 서 있다. 길이 30cm, 면 20cm 정도. 왼쪽은 앞쪽, 오른쪽은 측면 사진(와바다케 박사)

트리케라톱스의 치열. 왼쪽은 옆, 오른쪽은 앞에서 본 것(하처의 그림을 고쳐 그림)

생각하여 봅시다. 상냥한 어머니로 둔갑한 늑대가 마지막에는 어머니 산양에게 당하는데, 어머니 산양이 커다란 가위로 늑대 배를 싹둑싹둑 잘라내고 돌을 채워 넣는다는 대목이 있습니다. 공룡 위에 악어와 같은 격자상 주름이 없었다면 7마리 새끼 산양의 얘기에 나오는 늑대와 마찬가지로 움직일 때마다 배 속의 돌이 이리저리 굴러서 매우 불쾌하였을 것으로 생각됩니다.

공룡은 위석이 둥글게 닳으면 토해 내고 각진 거친 돌로 바꾸었을 것이라는 의견이 있습니다. 그러나 공룡이 각진 돌을 삼켰다면 악어와 마찬가지로 위 내벽에 보호막이 없었기 때문에 큰 상처를

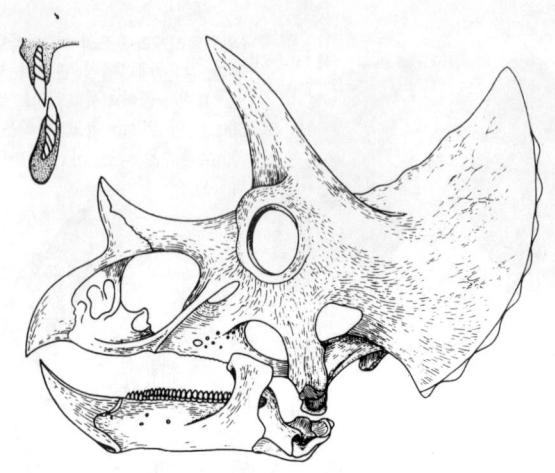

트리케라톱스의 두골. 왼쪽 위는 턱의 단면(마슈의 그림을 고쳐 그림)

입었을 것입니다.

잘못하면 위에 구멍이 뚫렸을지도 모릅니다. 공룡의 유해와 함께 발견된 위석은 모두 둥글기 때문에, 처음에 각진 돌을 골라 삼켰다는 의견에 찬성할 수 없습니다.

만약 위석을 공룡이 바꾸었다면 성장에 따라 커진 위 내벽의 격자상 점막벽에 맞추기 위해서라고 할 수 있습니다.

위석은 상당히 단단합니다. 필자는 캐나다의 백악기 지층에서 나온 오리너구리룡의 화석을 다이아몬드 커터(cutter : 절단기)로 절단한 일이 있습니다. 날을 물로 냉각시키며 자를 때 열을 받아 격렬한 불꽃이 튀던 것을 기억하고 있습니다.

전자 현미경으로 보니 위석 표면은 무수한 가는 선이 나 있었습니다. 선은 위 안에서 먹이를 부술 때 생긴 것 같습니다.

위석은 초식성 공룡 외에 일부 육식성 공룡도 갖고 있었습니다.

20. 공룡의 위석(胃石)

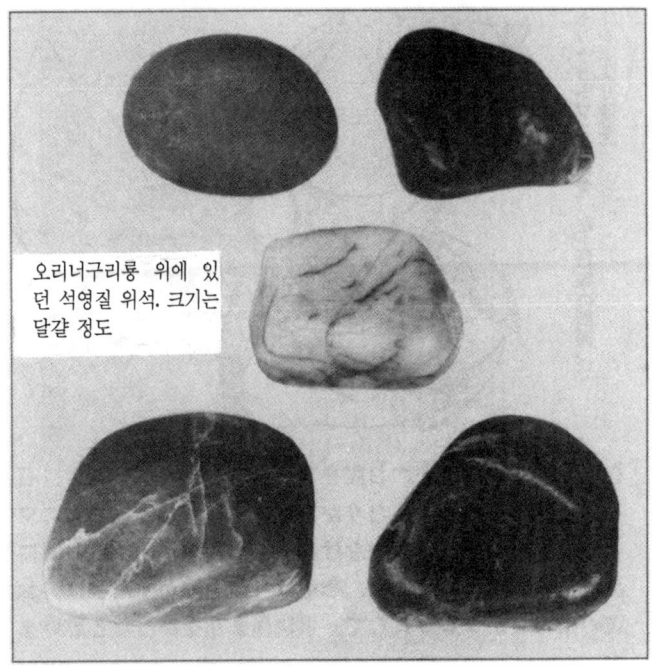

오리너구리룡 위에 있던 석영질 위석. 크기는 달걀 정도

소화관은 초식성 공룡 쪽이 단연 길었다고 생각합니다.

일본 후쿠시마현(福島縣)의 백악기 지층에서 발견된 수장룡(首長龍;목이 긴 공룡)도 40개나 되는 소화용 위석을 갖고 있으며 석영질 이외의 돌도 가지고 있었습니다. 즉 이암(泥岩) 같은 무른 돌도 들어 있었습니다. 수장룡이 위석으로 몸의 균형을 잡고 있었다는 것은 수긍할 수 없습니다. 위석은 위의 끊임없는 반복 수축으로 이리저리 밀려 다니기 때문에 균형 잡는 역할을 할 수 없습니다. 수장룡은 공기를 잔뜩 머금은 폐와 피하지방으로 부력을 가지고, 네 쌍의 커다란 지느러미로 능숙하게 헤엄쳤기 때문입니다.

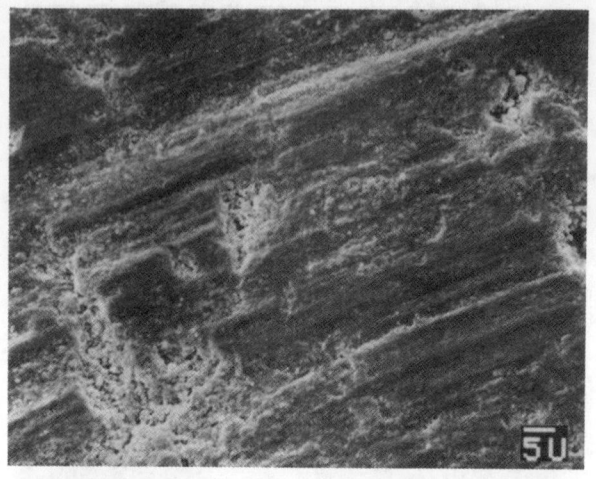

오리너구리룡의 위석 표면에 있는 긁힌 선. 이는 위 속에서 음식과 서로 마찰되어 생긴 것으로 생각된다(U는 미크론)

21. 공룡의 분 배설 방식

북미의 쥐라기나 백악기층에서 나온 공룡의 분화석(糞化石)은 말할 것도 없이 땅에다 배설한 분(糞)의 화석입니다. 분화석은 한 군데서 대량으로 나오기 때문에 대형의 초식성 공룡이 걸으면서 분을 여기저기 조금씩 배설하였다고는 생각할 수 없었습니다.

만약에 그런 바보짓을 한다면 초식성 공룡은 목숨을 잃게 될 것입니다. 예리한 후각을 가진 육식성 공룡이 분 냄새를 따라 사냥개

쇠똥과 비슷한 초식성 공룡의 분화석. 위 사진은 위에서 본 것. 표면에 갈라진 가는 금이 보인다. 아래 사진은 아래쪽에서 본 것

화살표가 가리키는 부분은 아래쪽 분과 겹쳐져서 생겨진 곳. 크기는 아기 머리 정도

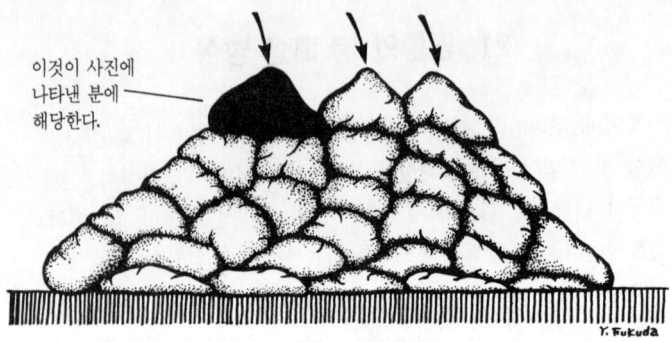

초식성 공룡의 분. 화살표는 앞뒤로 이동하면서 배설
하였기 때문에 생긴 세 군데 봉우리

같이 추적하여 반드시 먹이를 발견할 수 있기 때문입니다.

그러므로 몸을 멈추고 한군데다 배설하였을 것입니다. 한번에 배설하는 분의 양은 막대하였습니다. 초식성 공룡의 분이 지독한 악취를 내는 일은 없었을 것입니다.

좀 다른 얘기지만, 소화 기관의 병을 전문으로 연구하고 있는 의학자 중에는 일본인의 배설물이 인류 중에서 가장 강한 악취를 낸다고 하는 이도 있습니다. 그것은 다른 나라 사람들이 먹지 않는 것들만 골라먹고 장(腸)이 구미인들에 비해 길기 때문입니다. 별로 자랑할 만한 것이 못 됩니다.

공룡의 분은 많은 덩어리로 되어 있어서 죽 같지 않았다고 생각됩니다. 분의 형을 자세히 살펴보면 여러 가지를 알 수 있습니다. 하나의 분화석은 전체가 파리미드 같은 원뿔형이며 밑부분은 그다지 편평하지 않습니다.

만약 땅에 분이 직접 떨어졌다면 가는 모래알이나 진흙, 거기에 살고 있던 식물의 잎이나 줄기의 흔적이 남아 있을 것입니다.

그러나 분화석 밑부분에는 그런 흔적은 전혀 없다고 해도 좋을 정도입니다. 분화석 밑부분 가장자리가 불규칙적으로 쌓여 올라가서 전체가 피라미드형인 것은 먼저 배설한 덩어리 위에 다시 배설하였기 때문으로 생각됩니다. 가장 마지막에 배설한 것이겠지요.

한군데에 계속 배설하게 되면 바닥에 깔리는 덩어리에는 위의 무게가 걸리므로 점점 납작하게 됩니다. 그래서 땅에 접하는 가장 바닥의 덩어리에 땅바닥의 모래나 식물이 눌려 들어갔을 것입니다.

129쪽 사진의 분화석 밑부분이 불규칙적으로 일어나 있는 것은 먼저 배설된 것 위에 겹쳐졌기 때문에 돌출부가 서로 물려 일어난 변형이 아닐까요.

현재의 파충류 분과 마찬가지로 화석화하기 전의 공룡의 분은

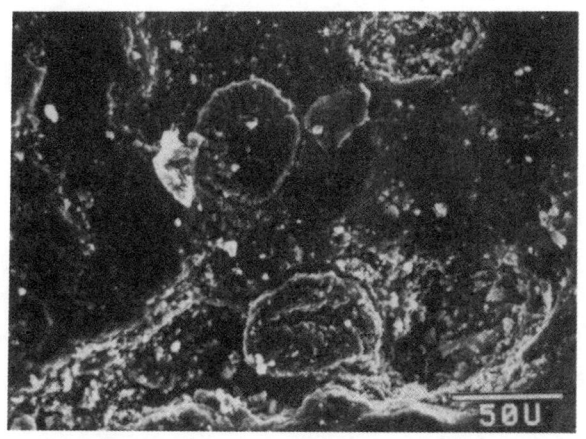

초식성 공룡의 분화석 표면에 붙어 있던 꽃가루. 이것은 분이 아직 마르지 않았을 때 날아온 것으로 생각된다(U는 미크론)

육식성 짐승의 분화석 내부의 뼈 조각. 뼈는 소형 포유류의
것으로 생각된다(U는 미크론)

점성이 매우 높았겠지만 아무리 공룡의 분의 점성이 높았어도 비가 내리면 덩어리가 바로 허물어져 없어졌을 것입니다. 공룡의 분이 화석화하여 남은 것은 딱딱하게 굳을 때까지 맑은 날이 계속된 것을 나타내고 있습니다.

필자는 공룡의 분화석 표면을 전자 현미경으로 관찰하여 꽃가루가 붙어 있는 것을 밝혔습니다. 틀림없이 공룡이 미풍이 부는 초원에서 유유히 배설한 분이 아직 마르지 않았을 때 꽃가루가 바람에 날려 왔을 것입니다.

그후 고운 진흙이 섞인 모래에 묻혀 화석화하였을 것입니다. 분화석 표면의 꽃가루는 분이 매몰되어 광물화한 후에도 지표에 얼굴을 내민 일이 없었던 것을 나타내고 있습니다.

북미의 애리조나 주에 있는 사막 지대에서 나온 3천만 년 전의 육식성 유대류(有袋類; 육식성 캥거루 같은 것으로, 주머니 늑대가 유명)의 분화석은 몹시 풍화되어 표면에 무수한 가늘고 흰 뼈 조직이 나와 있습니다.

 그것은 완전히 화석화되고 나서 긴 시간 비바람에 노출된 것을 말해 주고 있습니다.

 현재, 야생 동물이 산야에 배설한 분은 뿔풍뎅이 같은 분식성(糞食性) 딱정벌레가 눈 깜짝할 사이에 파헤치고 맙니다. 한편, 공룡의 분화석에 분식성 딱정벌레가 나타나서 흐트러 놓은 흔적이 전혀 보이지 않는 것은 쥐라기나 백악기에는 아직 분식성 딱정벌레가 나타나지 않았던 것을 의미합니다.

 분식성 딱정벌레가 지상에 나타난 것은 상당히 뒤의 일이라고 생각합니다. 여기서, 분식성 딱정벌레가 어떻게 하여 출현하였는가 그 기원에 대해 생각하여 보는 것도 재미있으리라 생각합니다.

 중생대 말에 지구 규모의 기후 격변, 즉 기온 저하가 일어나 딱정벌레는 온도가 안정한 땅 속에 구멍을 파게 되었습니다. 그리고 딱정벌레의 구멍 위에 대형 동물의 분이 떨어지게 되자 조소성(造巢性) 딱정벌레가 분을 영양원으로 하는 습성을 획득하지 않았을까요.

22. 공룡의 분화석

중생대 쥬라기 후기에 출현한 브론토사우루수나 브라키오사우루스, 마멘치사우루스(*Mamenchisaurus*)와 같은 대형의 초식성 공룡은 자고 있을 때를 빼고는 하루 종일 입을 우물거리며 식물의 잎이나 줄기, 종자를 계속 씹어 먹고 있었습니다.

하루 먹는 양은 체중으로 볼 때 수백 킬로그램이 되었을 것입니

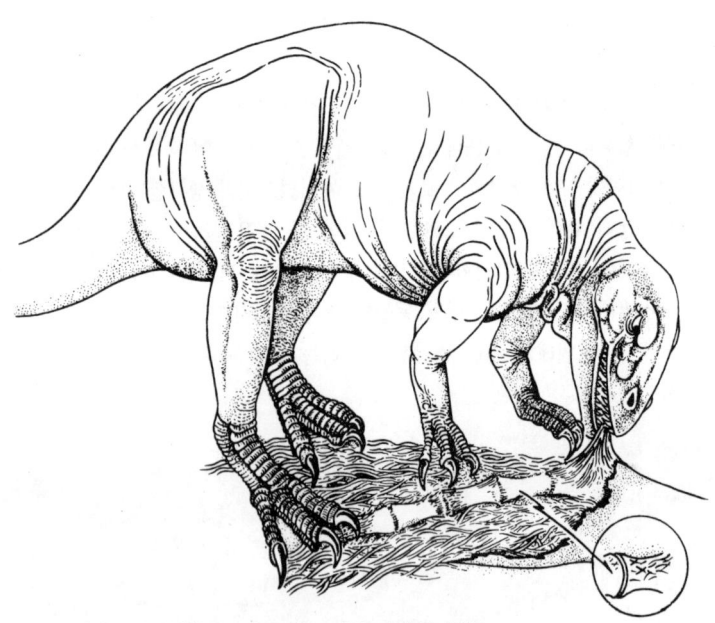

쓰러진 브론토사우루스의 꼬리 고기를 덥썩 물어뜯는 알로사우루스. 아래 오른쪽 화살표는 뼈에 새겨진 날카로운 이빨 흔적(L.B.홀스테드의 그림을 고쳐 그림)

다. 흉포한 육식성 공룡은 둔중한 초식성 공룡을 노리고 끊임없이 틈을 보고 있었습니다.

중량이 80톤에서 100톤 가까이 되는 거대한 초식성 공룡은 물 속으로 도망가서 육식성 공룡의 공격으로부터 몸을 지키고 있었습니다.

물론 그다지 깊은 곳까지 도망가지는 않았다고 생각합니다. 아마 호수 수면 위로 목을 살짝 내밀고 있었을 것입니다. 그것은 실제로 수압에 대항하여 혈액을 10미터 20미터 높이의 머리 끝까지 보내기에는 불가능하였기 때문으로 생각합니다.

그후 느릿느릿 육지에 올라와서, 긴 몸을 이용하여 높은 나뭇가지의 새싹을 뜯어서 배를 채웠을 것입니다. 다 먹으면 마치 커다란 코끼리의 대군과 같이 다음 숲으로 가서 먹이를 찾았을 것입니다.

수초도 좋은 먹이였던 것은 말할 필요도 없습니다. 이갈이는 그다지 하지 않은 것 같습니다. 즉 턱뼈와 함께 발견된 이는 대체로 심하게 마모되어 있습니다.

뇌룡 무리가 담수성의 늪조개 같은 이매패(二枚貝)를 잡아먹고 있었다는 것은 납득할 수 없습니다. 만약 뇌룡이 조개를 잡아먹었다면 공룡을 발굴하고 있는 고생물학자는 여기저기서 산더미같이 깨진 조개 껍질을 보았을 것입니다.

뇌룡 무리는 시각과 후각이 잘 발달하였습니다. 기린 같은 긴 머리를 들어올려서 육식성 공룡을 발견하면 재빨리 물로 향하였을 것입니다.

표면적이 큰 코끼리 같은 뇌룡의 발은 습지대에서는 진흙에 빠지기 어렵기 때문에 육식성 공룡이 간단히 접근할 기회는 없었습니다.

북미의 모리슨(Morrison) 층에서 나온 브론토사우루스의 꼬리

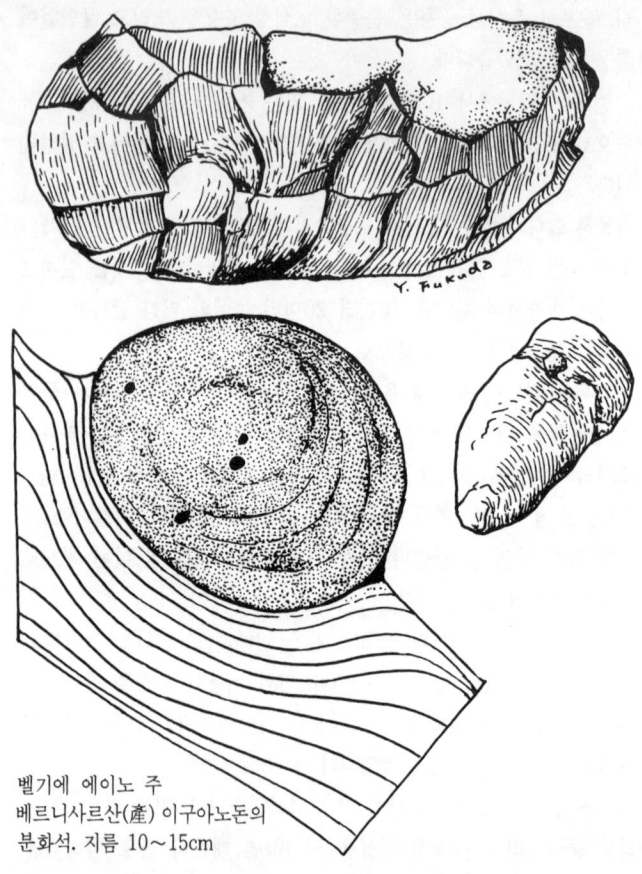

벨기에 에이노 주
베르니사르산(産) 이구아노돈의
분화석. 지름 10~15cm

가까운 뼈에 육식성 공룡 알로사우루스(*Allosaurus*)의 예리한 V자형 잇자국이 남아 있는 것이 자주 발견되고 있습니다.

물기가 많고, 맛도 별로 없고, 고기도 적은 꼬리까지 갉아 먹었던 알로사우루스는 당시 매우 배가 고팠었는지도 모릅니다.

22. 공룡의 분화석

와이오밍 주의 5천만 년 전 지층에서 나온 초식 동물의 분화석. 위는 겉, 밑은 단면. 분의 형성시 생긴 줄 무늬 모양이 보인다. 크기는 메추리알 정도

희생된 브론토사우루스는 운이 나빴던가 아니면 병에 걸려서 물까지 도망갈 힘이 없었을 것입니다. 대형의 초식성 공룡의 유해가 나오는 북미의 쥐라기나 백악기 지층에서 현재의 쇠똥을 연상시키는 아기 머리 정도 크기의 기묘한 흑갈색 바위 덩어리가 많이 나옵니다.

표면에 빵 구울 때 생기는 것같이 균열이 많이 나 있어서 화석화하기 전에는 부드러웠던 것을 알 수 있습니다. 이 기묘한 바위 덩어리는 현재 공룡의 분화석으로 관광객에게 팔리고 있습니다.

필자는 일부를 입수하여 조사하기로 하였습니다. 공룡의 소화기계의 짜임새, 소화 효소의 종류 등 공룡의 고생리학(paleophysiology)에 대해 연구하고 있는 학자로서, 공룡의 분화석으로 팔리고 있다고 하여 직접 확인해 보지 않고서 그대로 받아들이는 것은 학문하는 태도가 아니기 때문입니다.

먼저 원소를 분석하여 본 결과 규소, 인, 칼슘, 소량의 철의 조성을 나타냈습니다. 이는 주위의 모암과 전혀 다른 원소 조성입니다.

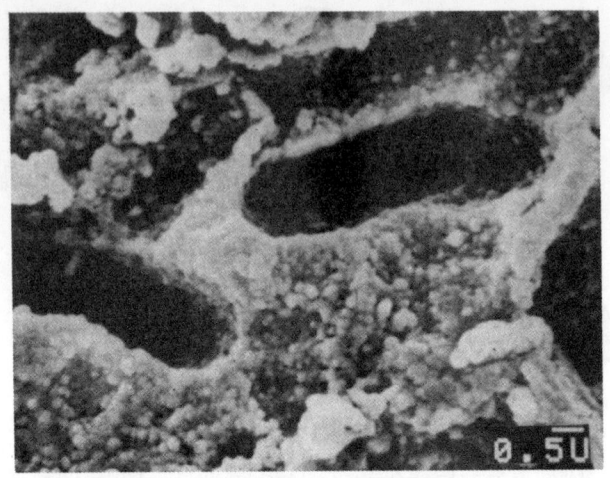

와이오밍 주의 에오세(5천만 년 전) 지층에서 나온 초식성 분화석 중에 남아 있는 장내 세균의 흔적(U는 미크론)

이것은 지금까지 알려져 있는 공룡의 분화석 데이터와 일치되는 결과입니다. 이로써, 팔리고 있는 공룡의 분화석은 사실인 것으로 확인되었습니다.

1억년 이상이라는 우리의 상상을 초월하는 시간을 경과한 공룡의 분화석은 완전히 마노(瑪瑙 ; 석영질의 하나)화하여 단면은 빨간색이나 노란색의 아름다운 무늬를 만들고 있습니다. 약간 가공하면 보석으로서도 통할 정도입니다.

여성들은 사향노루가 발정기에 분비하는 암모니아 냄새를 내는 분비물도 정제하여 향수로 사용하고 있으므로 분화석 목걸이는 독특한 아이디어가 될 것으로 생각됩니다.

그러나 어떤 공룡의 분화석인지 알아내는 것은 매우 어려운 일입니다. 초식성 공룡은 육식성 공룡에 비해 양이 압도적으로 많았을 것입니다.

현재의 아프리카 초원 지대는 얼룩말이나 영양 같은 초식성 짐승과 그를 잡아먹는 육식성 짐승의 비율이 40:1입니다.

공룡도 비슷하였다고 생각됩니다. 그러므로 육식성 공룡보다 초식성 공룡의 분이 화석으로 남을 기회도 훨씬 많았을 것입니다.

북미의 쥐라기나 백악기층에서 나오는 공룡의 분화석은 쇠똥 같은 형이 가장 많고 뱀이 또아리를 튼 것 같은 형은 그다지 많지 않습니다.

쇠똥 같은 형은 초식성 공룡의 분화석이고, 또아리 같은 형은 육식성 공룡의 분화석일 가능성이 큽니다.

공룡은 뱀, 도마뱀, 새 등과 같이 오줌과 똥을 함께 배설하였을 것입니다. 새똥 위의 흰색의 부드러운 덩어리는 점성이 높은 오줌이고 성분은 요산입니다. 인간의 오줌은 요소가 주성분입니다.

공룡의 분에서 요산은 검출되지 않았습니다. 아마 화석화 과정에서 다른 물질로 변하고 말았을 것입니다.

또, 필자는 북미의 와이오밍(인디언 말로 '평원'이라는 의미) 주에 있는 5천만 년 전 신생대 제3기 에오세 지층에서 나온 새끼손가락 끝 정도 크기의 분화석을 조사한 일이 있습니다. 안에는 꽃가루가 가득 차 있고 그 사이에 완전히 광물화한 장내 세균이 들어 있었습니다. 그러나 공룡의 분화석은 지나치게 변성되어 그런 종류의 세균은 없어져 버렸는지도 모릅니다.

23. 박치기의 명수 파키케팔로사우루스

벗겨진 머리가 위로 둥글게 튀어나오고, 주위에 혹같이 튀어나온 장식 달린 머리를 가진 파키케팔로사우루스(*Pachycephalosaurus*)라는 기묘한 이름의 공룡이 있습니다. 머리뼈의 두께는 무려 20센티미터 이상이나 됩니다.

뇌가 가득 들어 있는 인간의 머리뼈는 두께가 겨우 5밀리미터 정도이므로 파키케팔로사우루스의 머리뼈는 이상합니다.

더구나 그런 머리뼈 속에 겨우 비둘기 알만한 뇌가 들어 있었지만 길이 6미터, 무게 4톤 정도의 비교적 민첩한 공룡이었습니다.

딱딱하고 튼튼한 머리뼈는 화석으로 쉽게 남기 때문에 지금까지 상당한 수가 발견되었습니다. 그 중에 북미 몬태나 주의 백악기 후기 지층에서 나온 것이 유명합니다.

유해가 썩어서 물살에 흐트러졌어도 두골만큼은 항상 완전한 형으로 남습니다. 이는 그다지 튼튼하지 못하기 때문에 부드러운 나무싹 같은 것을 즐겨 먹었던 것 같습니다.

파키케팔로사우루스의 머리뼈는 어째서 그렇게 두꺼웠던 것일까요. 파키케팔로사우루스는 무리의 대장을 뽑을 때 수컷끼리 머리를 서로 쾅쾅 부딪쳐서 이긴 쪽을 새 대장으로 뽑았다는, 다분히 인간 냄새가 나는 설명이 버젓이 통용되고 있습니다.

또 개미를 먹기 위해 흙으로 쌓은 개미집을 받아 부수었다고 하는 것도 매우 재미있는 발상입니다.

파키케팔로사우루스는 머리뼈와 등뼈가 붙어 있어서 충돌에서 오는 충격을 잘 피할 수 있었습니다.

따라서, 파키케팔로사우루스의 머리뼈가 이상하게 두꺼운 것이

23. 박치기의 명수 파키케팔로사우루스

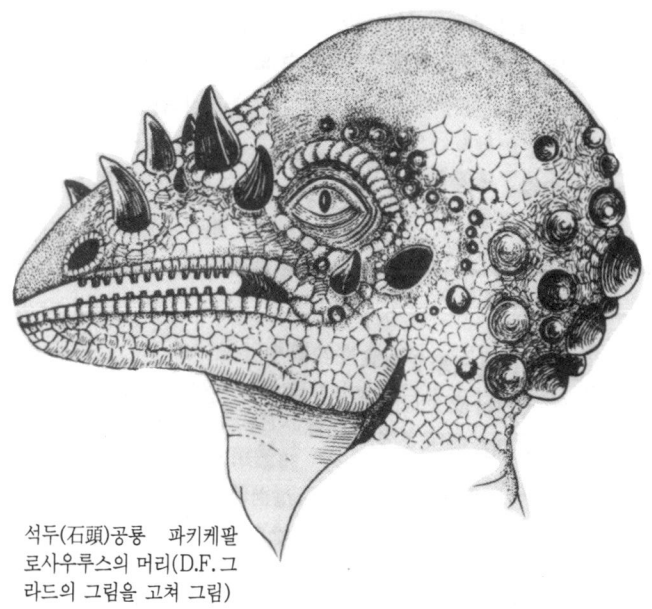

석두(石頭)공룡 파키케팔로사우루스의 머리(D.F. 그라드의 그림을 고쳐 그림)

석두공룡 파키케팔로사우루스의 두골 화석(브라운과 슈라이커)[*31]

호르몬 조절이 순조롭지 못하였기 때문에 생긴 말단 비대증(末端肥大症)의 일종이라는 설은 수긍할 수 없습니다.

또 머리 속의 작은 뇌를 보호하기 위해 특별히 두꺼워진 것도 아닙니다.

사실은 흉포한 육식성 공룡에게 쫓겼을 때 머리를 될 수 있는 한 숙이고 전력으로 돌진하여 강한 박치기로 타격을 가하여 상대의 기가 꺾였을 때 잽싸게 도망쳐 버리기 위한 방어용 무기였습니다.

파키케팔로사우루스의 박치기를 받은 육식성 공룡은 아마 간장, 위 등 내장의 파열을 수반한 부상을 입었을 것입니다. 그 덕에 파키케팔로사우루스는 백악기 후기에 매우 번성하였습니다.

24. 트리케라톱스와 티라노사우루스의 사투

중생대 말 백악기에 번성한 트리케라톱스는 길이 11미터, 무게 8.5톤에 달하는 대형의 초식성 공룡이었습니다. 목 주위는 두꺼운 뼈의 방패로 보호되고, 코 위에 짧은 삼각형 뿔이 한 개, 눈 위쪽으로 1미터 가까운 두 개의 뿔을 가지고 있었습니다.

트리케라톱스는 이 뿔 덕에 처음 발견되었을 때, 미국 대륙에 널리 분포되어 있던 바이슨(bison) 같은 야생 소의 화석이라는 엉터리 판정을 받았습니다.

그리고 친절하게도 '태고의 야생 소 화석'이라는 감정서가 붙어서 특별실에 전시되었습니다.

초원에서 한가로이 먹이를 먹고 있는 트리케라톱스는 폭군룡 티라노사우루스의 맛있는 먹이이기 때문에 무서운 뒷다리로 차서 죽이려고 합니다. 트리케라톱스는 티라노사우루스에게 잡혀 먹히기 위해 태어난 것은 아니므로 맹렬히 반격합니다.

상대의 기를 꺾기 위해 자신을 크게 보이게 하는 것은 자연계의 한 법칙이라고 할 수 있습니다. 그것은 강자뿐 아니고 약자의 방어 수단으로도 사용되고 있습니다.

전에는 오징어가 토하는 먹물이 모습을 감추기 위한 연막용이라고 생각되었으나 현재는 자신을 크게 보이게 하여 상대가 놀란 틈에 도망쳐 버리는 교묘한 수단으로 밝혀졌습니다.

폭군룡 티라노사우루스는 강자에 속합니다. 티라노사우루스는 커다란 입을 잔뜩 벌리고 일어서서 상대를 위협합니다. 배가 노출된 무방비의 그 순간이야말로 트리케라톱스가 목숨 걸고 돌진할 기회입니다.

뒤로 물러나서 가속도를 가해 대담하게 티라노사우루스의 배에 예리한 뿔을 박습니다. 피부를 찢고, 내장을 엉망으로 끌어내어 뒤흔들어댑니다. 중상을 입으면서도 잘 피한 티라노사우루스도 있었을 것입니다. 그러나 장내의 부패된 고기가 복강으로 터져 나오면 심한 복막염으로 괴로워하며 죽게 됩니다.

치명상을 입은 티라노사우루스는 트리케라톱스를 습격하기는커녕, 넘어져서 숨이 넘어갔을 것입니다. 배에서 나온 피나 장은 초원을 붉게 물들여 커다란 피 웅덩이를 만들었을 것입니다. 피 냄새에 끌려 육식성 공룡이 계속 모여듭니다. 그리고 아직 따뜻한 체온이 남아 있는 티라노사우루스의 고기와 내장은 순식간에 찢겨 나가고 백골만 덧없이 남습니다.

트리케라톱스는 예리한 뿔에서 피를 떨어뜨리면서 승리에 젖어

트리케라톱스와 티라노사우루스의 사투

24. 트리케라톱스와 티라노사우루스의 사투

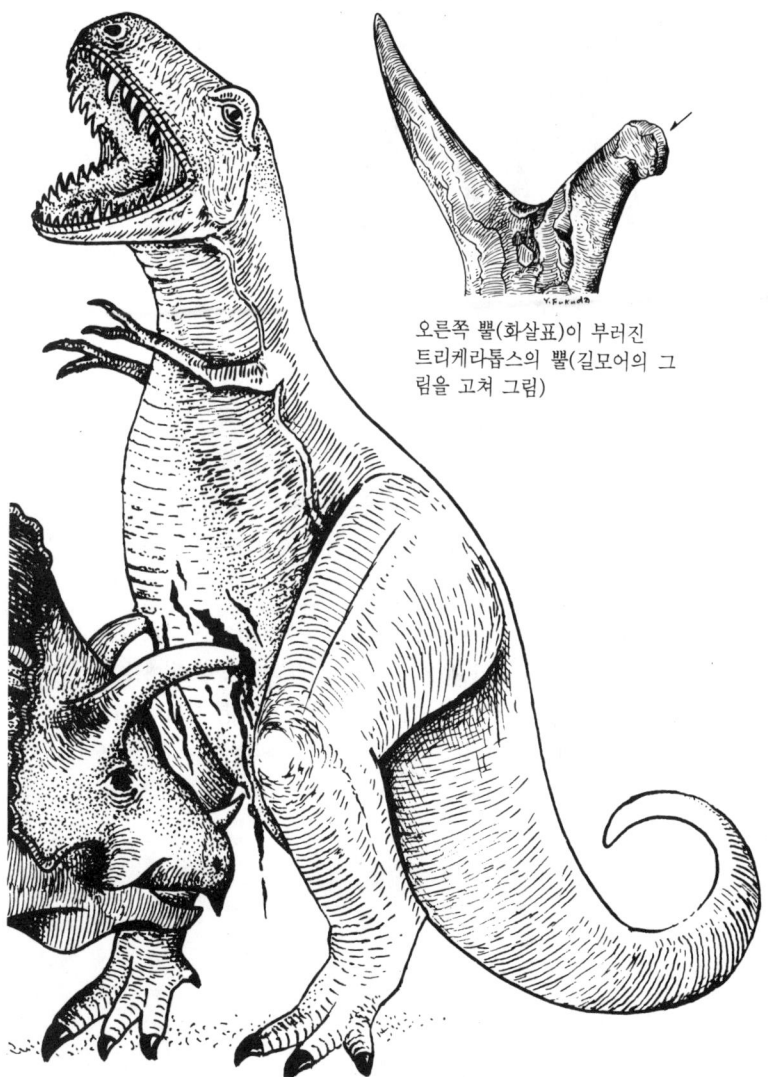

오른쪽 뿔(화살표)이 부러진 트리케라톱스의 뿔(길모어의 그림을 고쳐 그림)

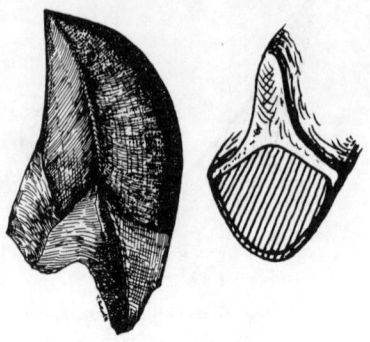

다수의 가는 알갱이로 덮인 모서리를 가진 트리케라톱스의 이. 오른쪽은 T자 형을 한 이의 단면. 크기는 길이 30mm, 폭 20mm 정도

의연히 자리를 떠나 사라졌을 것입니다. 그것은 등에 석양을 받으며 떠나는 건맨과 비슷합니다.

그러나 불행히도 타격을 받고 방어전에 실패한 일도 있는 것 같습니다. 한쪽 뿔 중간이 부러져서 허둥지둥 도망간 것을 나타내는 화석도 있습니다.

또 암컷을 둘러싸고 사랑의 쟁탈전을 벌인 흔적도 남아 있습니다. 즉 번식기를 맞아 기가 솟은 수컷이 상대 턱을 물어 턱뼈를 부순, 정말 불쌍한 것들이 발견되고 있습니다. 파충류, 특히 악어는 투쟁시에 상대편 턱을 물어 서로 같이 죽는 경우가 있습니다. 애정으로 시작된 일이지만 슬픈 일입니다.

24. 트리케라톱스와 티라노사우루스의 사투 147

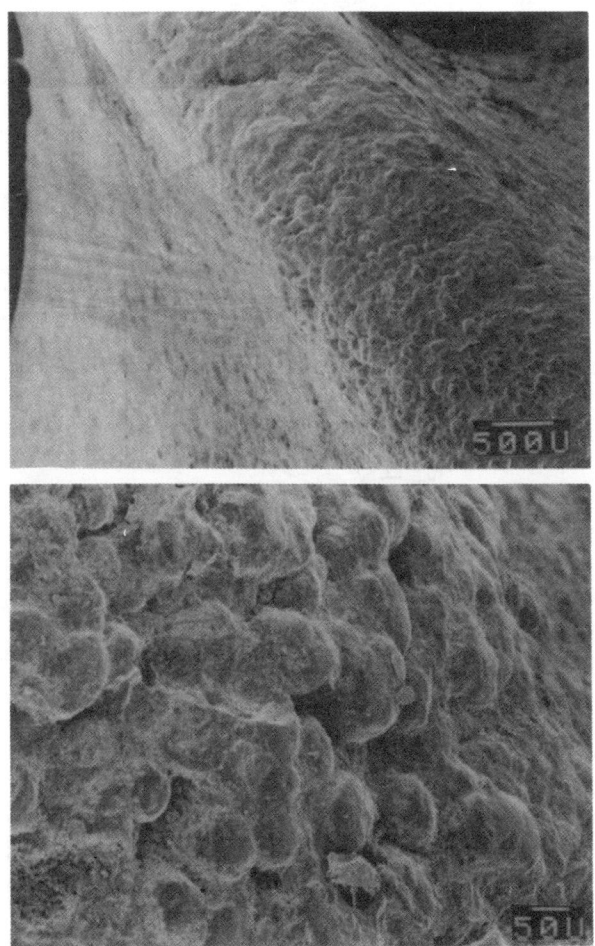

가는 알갱이로 덮인 트리케라톱스의 이 가운데를 달리는 모서리 표면(위). 아래는 모서리 일부를 확대한 것(U는 미크론)

25. 장갑공룡의 꼬리

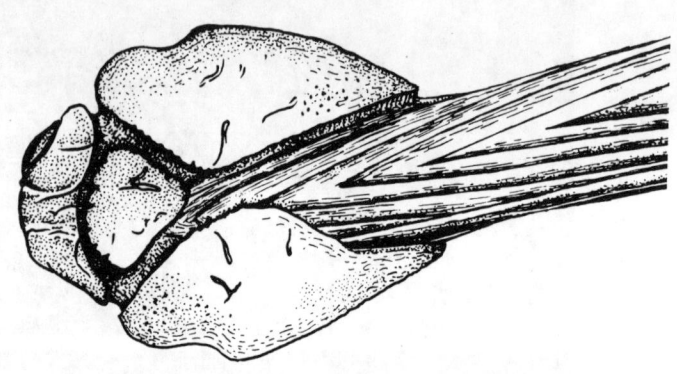

안킬로사우루스, 스콜로사우루스(Scolosaurus), 팔레오스킨쿠스(Paleoscincus)는 뼈로 된 갑옷을 입은 공룡들입니다. 이 장갑공룡 무리는 꼬리 끝에 날카로운 두 개의 가시와 혹 같은 덩어리를 가지고 있었습니다. 그것을 휘둘러서 흉포한 육식성 공룡을 쫓아냈다고 생각됩니다. 필자는 고비 사막에서 발굴된 안킬로사우루스의 꼬리뼈 주위에 수 센티미터 굵기의 와이어 로프 다발 같은 석회질 힘줄이 여러 가닥 있는 것을 본 일이 있습니다.

그런 상태라면 꼬리를 구부리는 일은 도저히 불가능하였을 것입니다. 마치 굵은 곤봉이나 야구 배트와 같습니다. 그것은 안킬로사우루스에게만 보이는 특별한 현상이 아니었습니다.

장갑공룡은 흉포한 육식성 공룡이 접근하여 왔을 때 곤봉과 같은 꼬리를 한번 휘두르고 다리 후리기를 강하게 더하였을 것입니

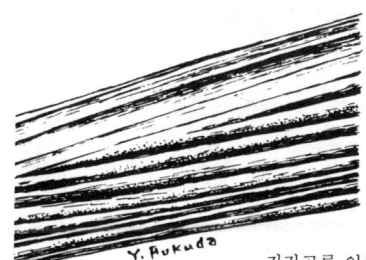

장갑공룡 인킬모사우루스의 꼬리. 몽고의 백악기 후기 층산(產). 뼈로 화한 힘줄이 V자 형으로 배열한다. 말단에 뼈의 혹이 있어 마치 커다란 곤봉같이 상대를 두들겨 외적으로부터 몸을 보호한다(소비에트 공룡전에서)

다. 정강이를 채였을 때의 아픔이란 공룡으로서도 마찬가지였으리라 생각합니다.

이것은, 가죽 부대에 납을 채운 타격용의 블랙잭(blackjack)과는 전혀 다릅니다. 만약 장갑공룡의 꼬리에 석회질의 딱딱한 힘줄이 없었으면 자유로이 움직이는 블랙잭 같은 무기로 작용하였을 것입니다.

블랙잭은 맞아도 큰 상처는 나지 않으나 내장을 상하게 하기 때문에 무시할 수 없는 무서운 흉기입니다.

장갑공룡의 곤봉화한 꼬리는 폭군룡 티라노사우루스 같은 대형 육식성 공룡에게는 별로 효과가 없었는지도 모릅니다.

26. 스테고사우루스의 등돌기

필자는 어려서 스테고사우루스(*Stegosaurus*)라는 이름을 들었을 때, '새끼를 버리는 무서운 공룡도 다 있구나' 하고 생각하였습니다. 그러나 스테고(stego)란 그리스어의 스테고스(*stegos*;지붕이라는 의미)에서 온 말로 일본어의 스테고(すてご;아이 버리기)와 발음이 비슷한 데 지나지 않습니다.

스테고사우루스 등에는 9~10쌍의 폭이 넓은 오각형 판이 늘어

등에 커다란 골질판을 가진 스테고사우루스
(길모어의 그림을 고쳐 그림)

26. 스테고사우루스의 등돌기 *151*

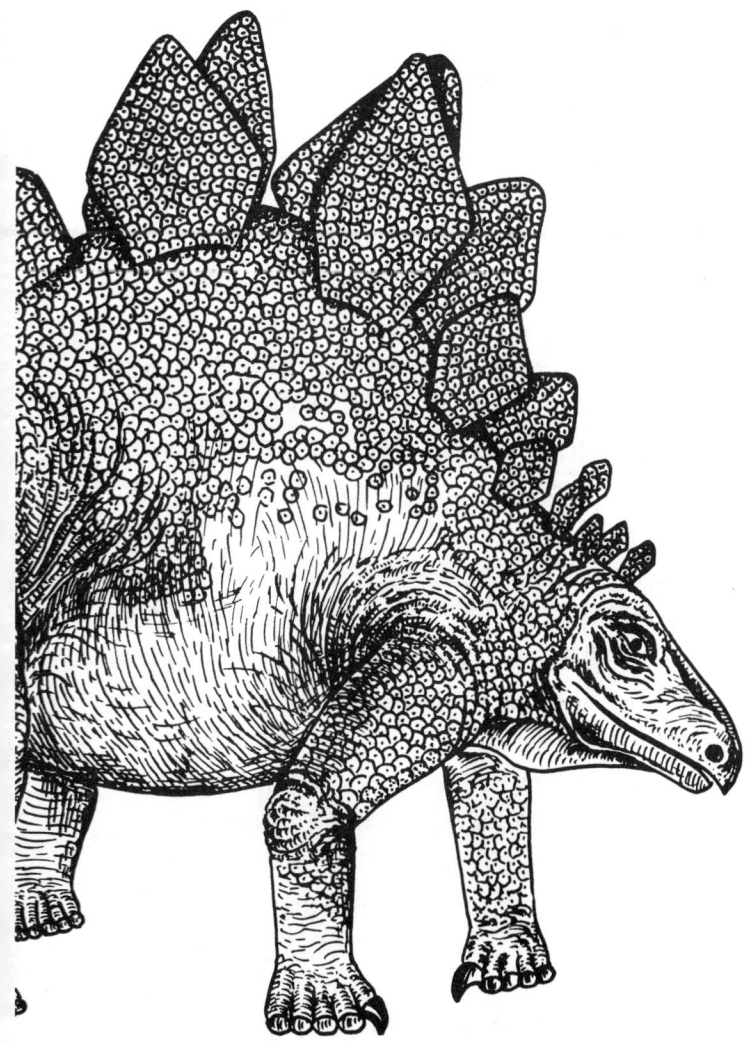

서 있었습니다. 그 모습이 마치 지붕같이 보였기 때문에 스테고사우루스로 이름이 붙여졌습니다. 등의 딱딱한 골질판은 머리의 목 부분부터 시작하고, 등의 중앙 부분이 가장 컸습니다. 높이 1미터, 폭 70~80센티미터나 되었습니다.

꼬리 쪽은 크기가 작은 대신 위로 뻗친 두 쌍의 예리한 스파이크가 있었습니다. 지금까지 발견된 가장 큰 스테고사우루스는 길이 9미터, 무게 2톤이나 되며, 북미의 콜로라도 주에 노출되어 있는 쥐라기 후기의 코모 단애(斷崖)에서 저명한 공룡 전문가 마슈 박사가 발굴하였습니다.

에나멜질로 덮인 작은 평평한 이가 20개나 있고, 초원에서 조용히 풀을 뜯던 온순한 공룡이었습니다. 등의 골질판에 대해서는 아직까지 논쟁이 심하여, 판을 서로 비벼대어 절그럭거리는 소리를 내어 적을 위협한 것은 아닌가 하는 재미있는 이야기까지 나와 있습니다.

스테고사우루스가 나온 지층으로 미루어 볼 때, 스테고사우루스는 초원에서 생활한 것을 알 수 있습니다. 등의 판은 방열장치와 방어장치의 역할을 겸하고 있었습니다. 스테고사우루스의 골질판 표면에는 무수한 혈관의 흔적이 있습니다. 즉 골질판으로 혈액을 냉각하여 체온을 조절하였습니다. 가는 혈관이 많이 있는 골질판을 소리가 나도록 서로 비벼대면 상처가 끊일 날이 없었을 것입니다. 최근, 스테고사우루스의 골질판을 옆으로 눕힌 것 같은 기묘한 복원도가 등장하였으나 방열판이라고 볼 때 수긍할 수 없습니다.

적에게 습격받았을 때는 몸을 낮추어서 무방비한 몸을 보호하고 예리한 스파이크를 가진 꼬리로 적의 다리를 후려쳐서 물리쳤을 것입니다.

피부는 상당히 두꺼워서 육식성 공룡이 그리 간단히 물어 찢지 못하였을 것으로 생각합니다.

스테고사우루스의 머리는 작은데다가 호두만한 뇌가 들어 있었을 뿐이므로 사고력은 제로에 가까웠을 것입니다. 크게 부푼 허리뼈 안에 뇌의 약 10배 가까운 신경 덩어리가 들어 있었습니다. 또, 어깨 부분의 추골에도 신경 덩어리가 들어 있는 굵은 곳이 있었습니다.

스테고사우루스는 이들 세 개의 뇌를 잘 나누어 사용하였습니다. 머리에 있는 뇌는 시각이나 냄새와 명암을 인식하고, 어깨의 신경 덩어리는 앞다리 운동을 지휘하는 역할을, 허리의 신경 덩어리는 뒷다리 운동을 지배하는 역할을 하였습니다. 뒤의 신경 덩어리는 영양분의 저장 기관이었다는 설이 있으나, 별도로 뼈 속에 저장할 필요는 없기 때문에 믿기 어렵습니다. 영양분은 간장에 지방 방울로서 저장하여 놓고, 먹을 것이 없어서 영양 보충이 안 되면 그때 순차적으로 혈액 속으로 방출하여 사용하였습니다.

스테고사우루스 무리에 켄트로사우루스($Kentrosaurus$)가 있습니다. 이는 야네시 교수가 동아프리카의 텐다글이라는 곳에서 뇌룡 브라키오사우루스와 함께 발견한 것으로 등의 앞쪽 반은 소형의 골질판이 나 있고 뒤는 날카로운 스파이크로 되어 있습니다. 이 골격 표본은 현재 독일의 훔볼트 대학 박물관에 전시되어 있습니다.

이것은 스테고사우루스로 변해가는 과정에 있었던 것으로 생각됩니다. 스테고사우루스의 꼬리 끝에 있는 두 쌍의 스파이크 골질판이 발달하여 대형화하는 데 따라 뒤쪽으로 밀려났습니다.

중국 쓰촨성(四川省)에 있는 쥐라기 전기의 지층에서 발견된 토우지앙고사우루스($Tuojiangosaurus$)는 폭이 좁은 삼각형 판이 등에 나 있어서, 그것이 폭 넓은 스테고사우루스형의 골질판으로 진화해 나간 모습을 나타내고 있습니다.

쥐라기의 켄트로사우루스 (L. B. 홀스테드)

스테고사우루스 무리의 등의 골질판은 도대체 무엇을 의미하고 있을까요.

토우지앙고사우루스나 켄트로사우루스는 물가의 삼림 지대에서 생활하고 있었으므로 등의 스파이크를 능숙하게 움직여서 앞을 가리고 있는 나뭇가지나 덩굴을 헤쳤을 것입니다. 그러나 건조한 초원에서 생활하게 된 스테고사우루스는 앞의 얘기와 같이, 강한 태양 광선을 정면으로 받기 때문에 체온이 순식간에 올라갑니다. 그래서 등에 양산과 같이 응달을 만들고, 방열판으로서 냉각 효과를 높이고, 육식성 공룡으로부터 몸을 보호하는 세 가지 기능을 겸하였기 때문에 등의 골질판은 더욱 커졌습니다.

26. 스테고사우루스의 등돌기   155

조립된 켄트로사우루스의 골격 (A. H. 뮐러)*27)

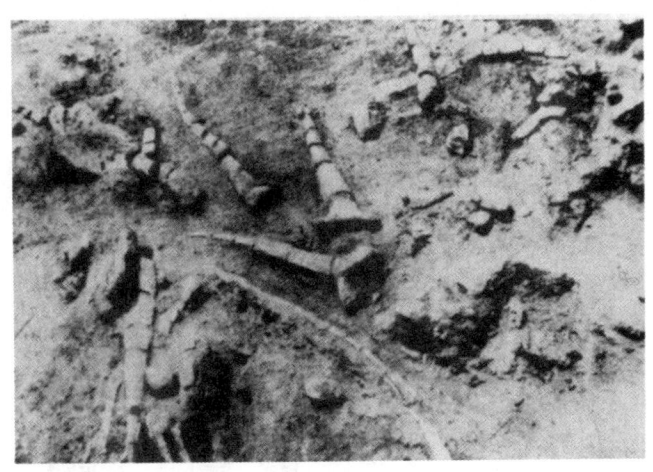

동아프리카의 텐다글(쥐라기 후기) 지층에 묻혀 있는 켄트로사우루스의 골격 (E. 헤닝)*27)

27. 데이노니쿠스에게 희생된 불쌍한 테논토사우루스

북미의 몬태나 주 남부는 백악기 공룡의 화석이 많이 나오기 때문에 지금도 이 곳을 찾는 고생물학자의 발길이 끊이지 않습니다.

테논토사우루스(*Tenontosaurus*)라는 이상한 이름의 공룡은 1960년대에 들어 몬태나 주, 애리조나 주, 텍사스 주의 백악기 전기 지층에서 발굴된 새로운 모습의 공룡입니다.

이름은 등에서 꼬리에 걸쳐 석회화한 튼튼한 힘줄을 갖고 있는 데서 유래하였습니다. 힘줄을 영어로 텐돈(tendon)이라 합니다. 그러므로 테논토사우루스는 '힘줄을 가진 도마뱀'이라는 의미입니다.

잘 발달한 뒷다리를 이용하여 서기도 하고, 개처럼 네 다리로 걸

27. 데이노니쿠스에게 희생된 불쌍한 테논토사우루스 157

을 수도 있는 얌전한 초식성 공룡으로 길이 7미터, 무게 1톤 정도였습니다.

그런데, 테논토사우루스에게 몸의 털이 곤두설 정도의 참극이 덮쳐 왔습니다. 초원에서 한가로이 풀을 뜯고 있던 테논토사우루스에

먹이를 덮치기 직전의 '달리는 흉기' 데이노니쿠스 (A. 차리그 (1979)의 그림을 고쳐 그림)

얌전한 초식성 공룡 테논토사우루스
(A. 차리그의 그림을 고쳐 그림)

무서운 데이노니쿠스 뒷다리의 칼과 같이 튀어 나온 발톱. 화살표는 발톱의 운동 방향을 나타낸다. 이 예리한 칼과 같은 발톱은 길이 10cm 이상이다 (오스트롬의 그림을 고쳐 그림)

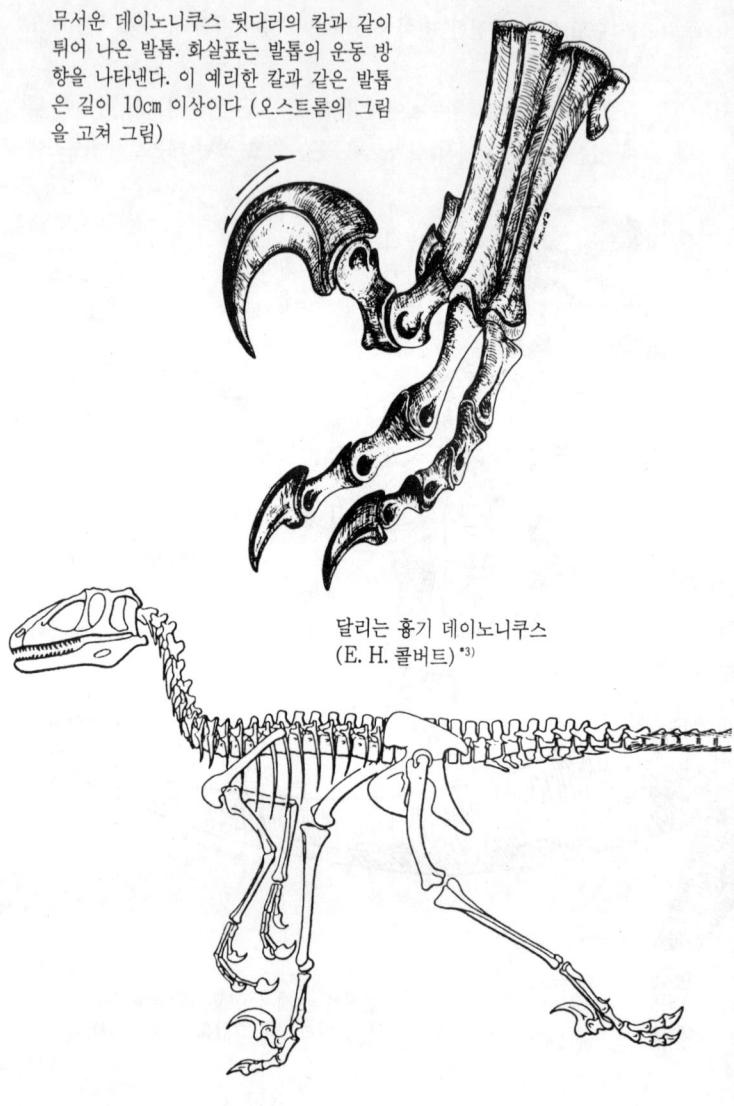

달리는 홍기 데이노니쿠스
(E. H. 콜버트) *3)

27. 데이노니쿠스에게 희생된 불쌍한 테논토사우루스 159

살해 전문가 데이노니쿠스의 기분 나쁜 두골 (오스트롬의 그림을 고쳐 그림)

게 데이노니쿠스(*Deinonychus*)가 무서운 재크 나이프 같은 뒷다리 발톱을 펴고 습격해 왔던 것입니다.

데이노니쿠스는 먼저 테논토사우루스 뒷다리 힘줄을 보기좋게 절단하였을 것입니다. 마치 베트남의 어두운 정글에서 활약하던 미국의 살인 전문 부대 그린베레와 같은 방법입니다.

땅에 털썩 쓰러진 테논토사우르스는 가장 약한 배가 먼저 드러났을 것입니다. 도살 전문가 데이노니쿠스는 뒷다리의 나이프를 다시 한번 그어 테논토사우루스 배를 갈랐을 것입니다.

갈라진 상처에서 물감 쏟아놓은 것 같은 빨간색, 갈색, 자주색의 간장이나 내장이 삐져 나와 피비린내가 진동하였을 것입니다. 혈액 속에는 휘발성의 지방산이 들어 있어서 피비린내의 독특한 냄새를 냅니다. 필자는 캄캄한 밤에 터널에 들어 갔다가 심한 피냄새 때문에 무서워서 도망나온 적이 있습니다. 이튿날 현장에 가 보니 열차에 치어 죽은 사람의 시체가 넘어져 있어서 몹시 놀랐습니다.

테논토사우루스의 피냄새에 끌린 듯 여러 마리의 데이노니쿠스가 꼬여 들어 내장을 게걸스럽게 먹어 치웠을 것입니다. 그것은 배의 뼈나 늑골이 대부분 없어진 테논토사우루스의 유해로 증명되고 있습니다.

피에 굶주린 데이노니쿠스는, 먹이를 먼저 잡은 녀석과 뒤에 찾아온 녀석이 서로 격렬하게 싸웠을 것입니다.

테논토사우루스 주위에서 발견된 데이노니쿠스의 뼈는 싸움에 져서 죽은 녀석일 것입니다. 욕심 많고 이기주의 덩어리인 살해 전문가 데이노니쿠스가 통솔력 있는 행동을 했으리라고는 생각할 수 없습니다. 만약 그랬다면 리더격의 데이노니쿠스가 있었을 것입니다.

집단으로 사냥한다는 것은 늑대와 같이 두뇌를 가진 포유류 집단이나 가능하지, 데이노니쿠스 같은 공룡에게는 불가능한 일입니다.

28. 호기심이 화근이 된 프로토케라톱스

1971년 여름의 일입니다. 폴란드와 몽고의 합동 학술 조사대가 '불꽃 낭떠러지' 바얀 자크의 서쪽 30킬로미터 지점의 투글리그 언덕을 조사하고 있을 때 아주 우연히 프로토케라톱스(189쪽)와 벨로키랍토르(*Velociraptor*)가 처참하게 싸운 모습을 나타내는 화석을 캐 냈습니다.

두 공룡은 서로 뒤얽혀서 결이 고운 진흙 속에 묻혀 있었습니다. 화석은 몽고의 고생물 연구소로 운반되어 두 나라의 고생물학자가 주의깊게 화석 틈 사이의 진흙을 제거하였습니다. 그 결과 벨로키랍토르가 프로토케라톱스의 머리를 두 앞다리로 꼭 잡아 누르고 있고, 뒷다리의 칼날 같은 발톱은 가슴과 배를 찢어 내고 그 속으

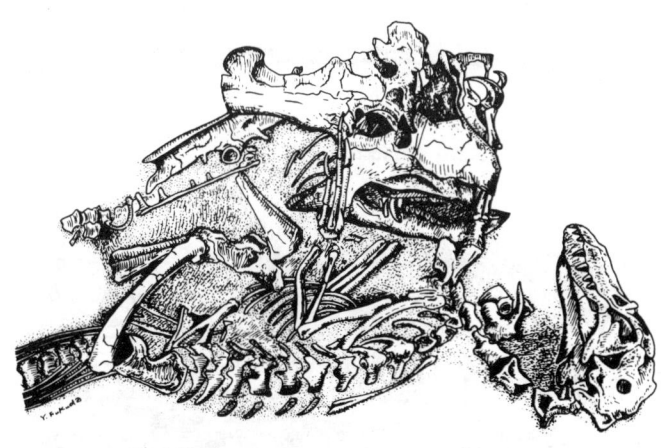

프로토케라톱스와 벨로키랍토르의 사투를 나타내는 화석

로 깊이 박혀 있는 모습을 생생하게 보여주고 있었습니다.

프로토케라톱스도 벨로키랍토르의 앞다리를 물어 결사적으로 저항하였습니다. 프로토케라톱스는 네 다리로 단단히 서 있으나 벨로키랍토르는 옆으로 쓰러져 있습니다.

필자는 '고비 사막 대공룡전'에서 화석을 보았을 때 어제 일어난 일 같아서 8천만 년 가까운 세월이 지났다고는 생각하기 어려웠습니다.

프로토케라톱스의 상대가 된 벨로키랍토르란 '민첩한 도둑'이라는 의미이며 '달리는 흉기'라고도 하는 데이노니쿠스의 무리입니다.

어째서 이런 사태가 일어났는가 생각하여 봅시다. 프로토케라톱스와 벨로키랍토르는 가는 꼬리뼈까지 뚜렷하게 원형을 유지하고 있는 완벽한 유해입니다. 두 사체가 마른 땅 위에 그대로 방치되었다면 바로 썩어서 관절이 흐트러져 버렸을 것입니다.

만약 프로케라톱스 가까이에서 벨로키랍토르 뼈의 일부가 발견

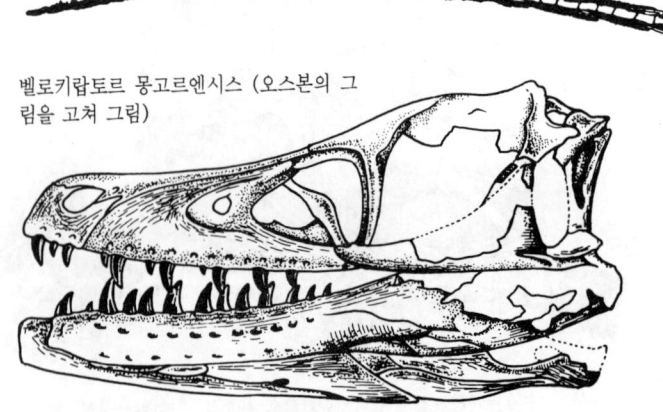

벨로키랍토르 몽고르엔시스 (오스본의 그림을 고쳐 그림)

되었다고 합시다. 그러면 고생물학자는 벨로키랍토르가 프로토케라톱스를 습격하려고 하였던가 아니면 다른 곳에서 운반되어 온 뼈가 우연히 함께 있게 되었다는, 매우 애매한 결론을 내리고 일단락지을 것입니다.

필자의 생각으로는 진창에 빠져 넘어져서 발버둥치고 있던 벨로키랍토르 가까이에 호기심이 생긴 프로토케라톱스가 천천히 접근하였을 것 같습니다.

벨로키랍토르의 골격
(카펜터) [28]

살해 전문의 벨로키랍토르는 가까이 접근해 오는 것은 모조리 적으로 보이기 때문에 아직 자유로운 한쪽 뒷발 발톱으로 대담하게 프로토케라톱스의 배를 차서 찔렀을 것입니다. 그런 상황이 아니라면 땅딸막하고 등이 낮은 프로토케라톱스의 배에 강한 위력을 가진 뒷다리 발톱을 쑤셔 넣는 것은 불가능하였을 것입니다. 프로토케라톱스가 두 다리로 걸어다녔다면 얘기는 달라지지만.

불의의 일을 당한 프로토케라톱스는 상처에서 빠져 나온 내장을 질질 끌면서 필사의 반격을 하였을 것입니다. 그리하여 벨로키랍토르의 앞다리를 물고 죽음의 포옹으로부터 빠져 나가려 하였습니다. 그러나 벨로키랍토르는 점차 진흙 속으로 파묻혀 갔습니다. 그것은 벨로키랍토르가 날카로운 이가 나 있는 입으로 프로토케라톱스를 물지 못했던 것으로 알 수 있습니다.

벨로키랍토르는 프로토케라톱스를 결사적으로 공격하여 끌어안고서 무서운 죽음의 못에서 도망치려고 하였던 것은 아닐까요. 그러나 격렬한 사투를 연출하고 있는 사이 더 한층 진흙 속에 빠져들어가 이윽고 두 마리의 공룡은 서로 뒤엉킨 채로 죽어 버렸을 것입니다.

이는 프로토케라톱스가 하찮은 호기심을 채우려던 일이 화근이 된 예로 보아도 좋을 것입니다.

29. 공룡의 병

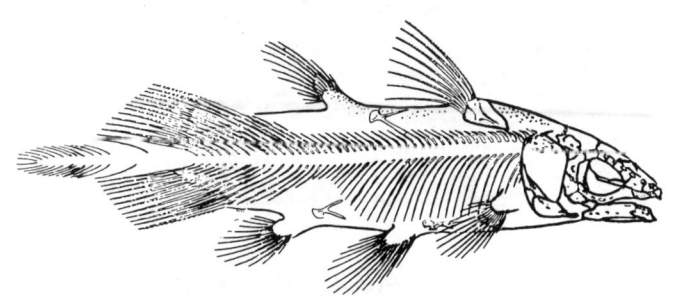

라보데르마에 가까운 실러캔스 디플루루스(셰퍼의 그림을 고쳐 그림)

우리는 감기에 걸리거나 배탈이 나거나, 다리뼈가 부러지거나, 정신 이상 등으로 의사를 배불리 먹고 살게 하고 있습니다. 공룡도 생물이므로 여러 병으로 고통을 받았습니다.

절멸한 동물의 화석에 남아 있는 병의 흔적을 전문으로 조사하는 학문이 있습니다. 고병리학(paleopathology)이라고 하며 고생물학 중에서도 흥미있는 연구 분야입니다. 화석 뼈에 남아 있는 병의 흔적을 바탕으로 단순한 골절인가, 또는 골종양인가 진단을 내리기 위해 X선 사진을 찍거나 단면을 만들어서 조사합니다.

그러나 고병리학은 내장이나 뇌같이 화석으로 남지 못하는 부분의 병은 알아내기 힘듭니다. 비늘이나 뼈 사이에서 매우 희귀한 병원균의 화석을 발견하여, 악성 전염병으로 죽은 것을 알 수 있는 경우도 있습니다. 필자는 영국의 뉴샴이라는 탄광촌 부근의 도로 공사시 발견된 석탄기 후기의 길이 30센티미터 정도인 라보데르마

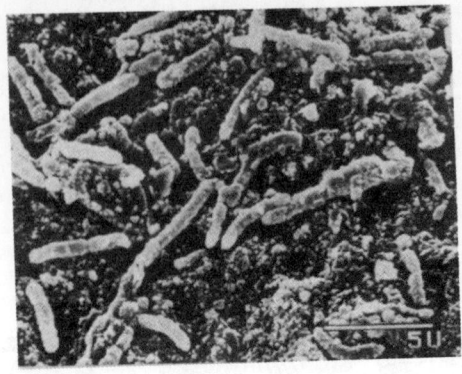

석탄기 실러캔스
에서 검출된 광물
화한 비브리오균
(U는 미크론)

(*Rhaboderma*)라는 실러캔스(*Coelacanth*)의 유해를 조사하고 있을 때 딱딱한 비늘 아래에서 현재의 비브리오(*Vibrio*)균과 똑같은 화석을 발견한 일이 있습니다.

비브리오균은 무서운 콜레라균의 친척에 해당되는 세균으로 식중독을 일으키는 유해한 것도 있습니다. 어류의 경우는 체표의 작은 상처로 병원균이 침입하여 소화관 출혈이 따르는 심한 장애를 일으킵니다. 그러므로 비브리오균이 침범한 물고기는 바로 죽고 맙니다. 그래서 양어장의 송어가 하룻밤에 전멸하는 일도 드물지 않습니다.

석탄기의 실러캔스는 호수 같은 담수에서 생활하고 있었습니다. 실러캔스가 바다에 내려간 것은 중생대에 들어서입니다.

당시의 실러캔스인 라보데르마는 비늘 부분의 작은 찰과상을 통해 침입한 비브리오균이 전신으로 퍼져서 오래 고통 받은 뒤 죽어서 호수 밑바닥에 가라앉고, 체내에 물곰팡이가 침입하였을 것입니다. 그래서 운좋게 화석이 되어 남았던 것입니다.

그러면 본론인 공룡의 병에 대해 살펴봅시다. 뼈가 부러지면 골

29. 공룡의 병 *167*

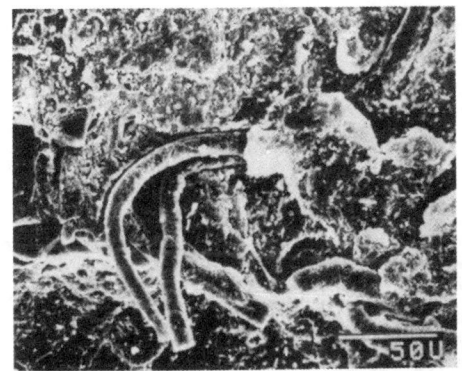

석탄기의 실러캔스 라보데르마 체내의 물곰팡이 화석. 균사는 완전히 광물화하고 있다 (U는 미크론)

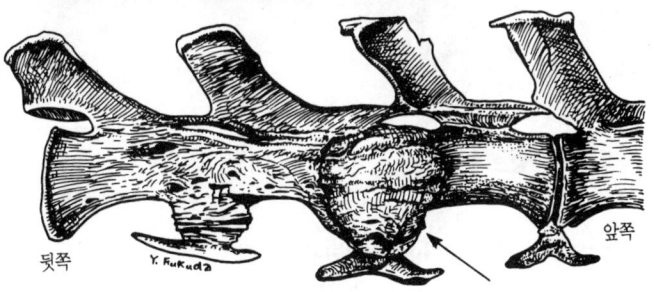

뇌룡 디플로도쿠스의 꼬리 추골의 골종양(화살표)
(오스본의 그림을 고쳐 그림)

격 부분에 바로 가골(假骨)이라는 새로운 골조직이 형성되어 붙어 버립니다. 부러진 뼈를 깁스로 싸서 고정하는 것은 가골이 충분히 굳어질 때까지 시간을 벌기 위해서입니다. 그렇게 하지 않고 놔두면 부러지거나 굽은 채 일생을 보내게 됩니다.

뉴욕의 미국 자연사 박물관에 전시되어 있는 오리너구리룡 히파크로사우루스(*Hypachrosaurus*)의 상완골은 골절로 뼈의 일부가

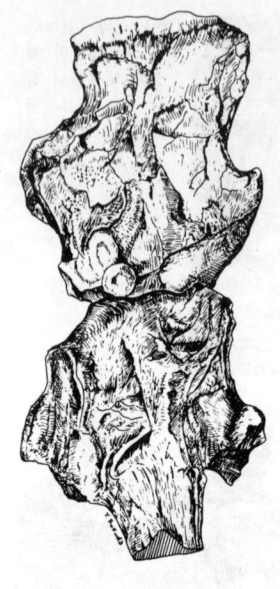

같은 무리에게 물려 골막염이 되어 변형된 모사사우루스의 지느러미뼈 (R. L. 무디의 그림을 고쳐 그림)

피부를 찢고 밖으로 튀어 나왔습니다. 거기로 세균이 침입하여 심한 골막염으로 골절 부분에 고름이 많이 고였을 것입니다. 부어 오른 상처 구멍에서 피가 섞인 고름이 끊임없이 나와서 속이 메슥거리는 악취를 풍겼을 것입니다.

히파크로사우루스의 고통은 매우 컸다고 생각합니다. 마지막으로 골막하종양(骨膜下腫瘍)이 되어 버리고 나서도 계속 살았으므로 히파크로사우루스는 대단한 녀석입니다. 최근, 아프리카의 초원에서도 현지 밀렵꾼에게 창으로 찔려서 뒷다리 상처에서 대량의 고름을 흘리며 숨을 할딱거리면서 걷던 코끼리를 촬영한 영화를 본 일이 있습니다.

또, 꼬리 측골에 골수염(骨髓炎)이라는 성가신 병이 걸린 쥐라기

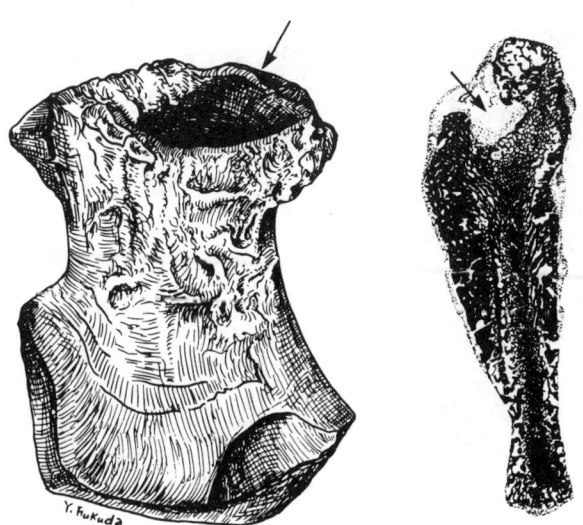

바다도마뱀룡 모사사우루스의 두골 중심부가 부패하여 구멍이 뚫려 있다(화살표). 오른쪽은 종단면(R. L. 무디의 그림을 고쳐 그림)

의 뇌룡 디플로도쿠스(*Diplodocus*, 현재는 *Apatosaurus*라고 함)가 알려져 있습니다. 그것은 뼈 속 깊이 침입한 포도상구균이 내부 조직을 부패시켜서 뼈를 해면 같은 혹 덩어리로 부풀게 한 것으로 보입니다.

포도상구균은 입에서 발견되는 경우가 많습니다. 디플로도쿠스는 흉포한 육식성 공룡에게 꼬리를 물렸을 것입니다. 매우 불결하기 짝이 없는 육식성 공룡의 입 안에는 포도상구균이 득실거렸을 것으로 생각됩니다. 육식성 공룡의 날카로운 단검 같은 이는 디플로도쿠스의 꼬리뼈를 깊이 파고들었을 것이며 그 때 이 표면에 부착

약 2000만 년 전의 바다거북. 시롬스 에지프테크스의 등껍질 표면에 형성된 종양. 오른쪽 위의 사진은 종양 단면 (R. E. 웜스)

하고 있던 포도상구균이 골수염을 일으켰을 가능성이 큽니다.

또 백악기 바다의 폭군, 바다도마뱀룡 모사사우루스(*Mosasaurus*)의 지느러미 뼈에 같은 무리에게 물린 상처 자국이 상당히 발견되어 있습니다. 모사사우루스는 당시의 바다에서 세력권을 둘러싸고 맹렬하게 물보라를 치며 싸웠을 것입니다. 모사사우루스의 살아남기 위한 싸움은 대단한 것이었습니다.

미국의 고생물학자 웜스 박사는 2천만 년 전의 바다거북의 화석을 열심히 연구하고 있습니다. 그는 가끔 껍질 길이가 50센티미터 정도인 시롬스 에지프테쿠스(*Syroms egyptecus*)의 갑각 화석 가운데에서 지름 5센티미터 정도의 튀어 나온 둥근 덩어리를 발견하였습니다. 종단면을 만들어 보니 골종양으로 밝혀졌습니다. 이 바다거북은 갑각 상처로부터 침입한 세균에 의해 골조직이 부패된 뒤 종양화한 것으로 생각됩니다.

30. 피부병으로 고생한 공룡

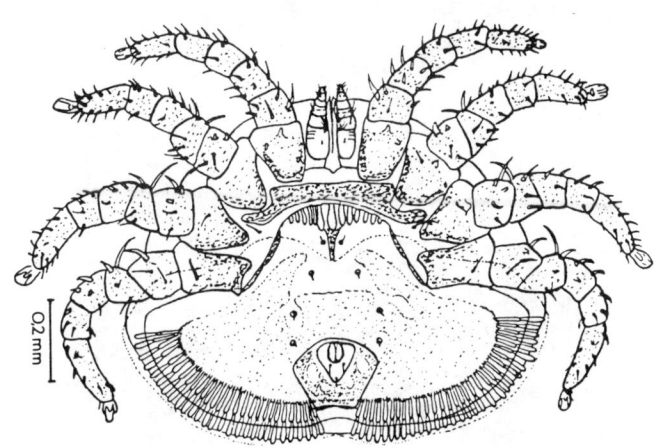

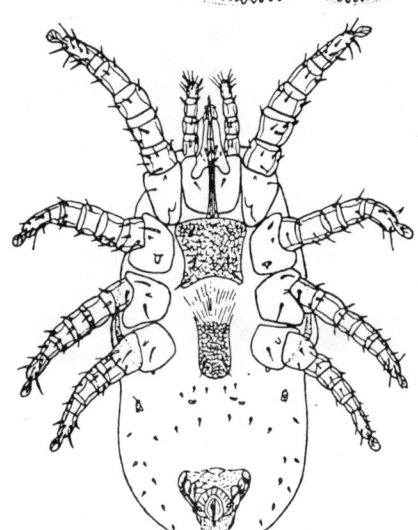

현재의 파충류에 기생하는 진드기. 이는 살아 있는 화석이라고 할 수 있다. 위는 오멘트레라푸스의 수컷(파인). 아래는 이구조드보이데스의 수컷(폰세카) [29]

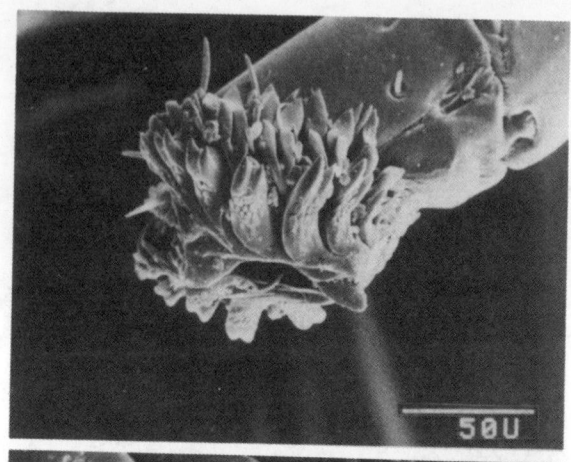

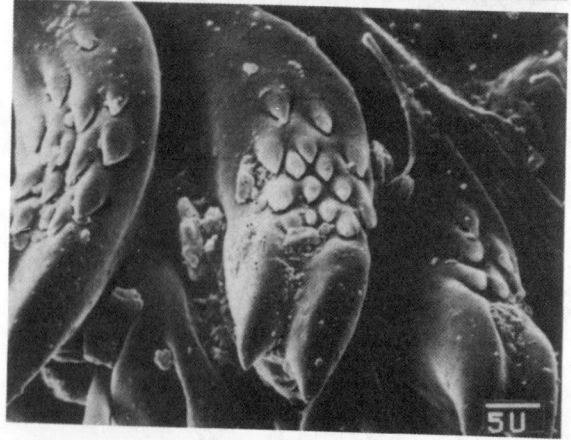

쇠파리의 드릴 같은 찌르는 입. 위는 끝부분.
아래는 예리한 이. 이를 이용하여 동물 피부에 작은 구멍을 뚫어
피를 빨아먹는다 (U는 미크론)

30. 피부병으로 고생한 공룡

(오른쪽) 편모를 움직여 활발히 운동하는 트리파노조마

(아래) 아프리카에 분포하는 체체파리가 흡혈시에 포유동물의 피 속에 무서운 수면병 원충인 트리파노조마를 옮긴다(R. 박스바움의 그림을 고쳐 그림)

타액선

피부

공룡의 피부는 도대체 어떤 구조를 하고 있었을까요. 공룡의 피부는 캐나다 백악기층에서 발견된 오리너구리룡 아나토사우루스의 미라화한 화석과, 소련 고생물 조사대가 몽고의 고비 사막에서 발굴한 피부를 가진 사우롤로푸스(Saurolophus)의 화석골 등을 통해 대충 알려져 있습니다. 그 공룡들은 여러 크기의 비늘로 덮여 있었습니다. 비늘이라면 물고기 비늘이나 도마뱀 비늘 같은 것으로 생각하겠지만 전혀 다릅니다. 물고기 비늘은 피부의 내부에서 만들어진 것이지만 뱀이나 도마뱀의 비늘은 우리의 머리카락이나 손톱과 마찬가지로 피부의 가장 바깥 쪽에 있는 각화층(角化層)이 변화한 것입니다. 그래서 이미 살아 있지 않기 때문에 잘라도 별로 고통을 느끼지 않습니다.

만약 그렇지 않다면 손톱이나 발톱을 자를 때 아파서 마취해야 할 것입니다. 비늘 아래에 살아 있는 세포층이 있어서, 각화층이 벗겨져서 얇아진 것만큼 표피 세포가 계속 새로 만들어지기 때문에 병이나 상처라도 입지 않는 한 피부에 구멍이 뚫리는 일은 없습니다.

현대의 뱀이나 도마뱀의 비늘 사이에는 진드기가 기생하고 있으면서 벗겨진 각화층 부스러기를 먹거나 침 같은 빨대로 피를 빨아먹고 있습니다. 이런 기생충에게 심하게 걸리면 식욕이 감퇴하고 움직이는 것도 귀찮게 됩니다. 그럼, 공룡은 어땠을까요? 현대의 파

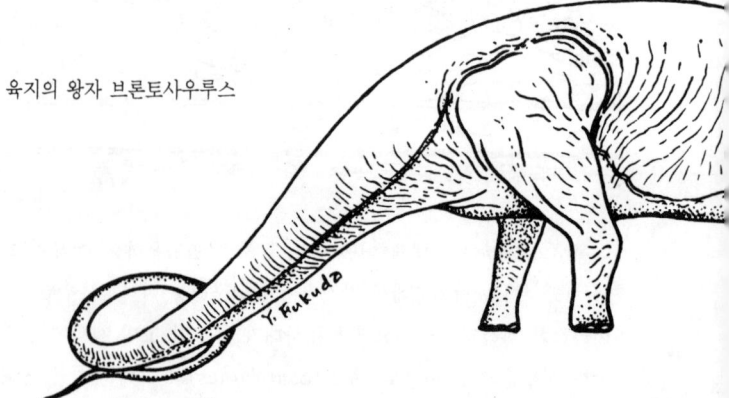

육지의 왕자 브론토사우루스

충류와 마찬가지로 그런 기생충에게 고통 받고 있었던 것은 확실합니다. 이를 뒷받침하듯, 최근 일본 후쿠시마현(福島縣)에서 8천만 년 전의 호박(琥珀) 속에 들어 있던 진드기의 화석이 발견되었습니다.

진드기는 발톱 사이나 관절부 피부의 주름, 배 등에 무수한 무리를 이루고 있었을 것입니다. 시베리아의 백악기층에서 쇠파리 화석이 발견되었습니다. 쇠파리는 주둥이 끝이 드릴 같아서 동물의 두꺼운 피부를 뚫고 피를 빨아먹습니다.

잃는 피의 양은 얼마 안되므로 피를 빨려 죽는 일은 없습니다. 공룡으로서는 '성가신 녀석' 정도로 여겼을 것입니다. 문제는 피를 빨 때 병원성 미생물이 상처에서 들어오는 일입니다.

아프리카에는 체체파리(tsetse fly; 쇠파리의 일종)가 트리파노조마 간비엔제(*Trypanosoma ganbienze*)라는 무서운 병원성 미생

물을 전파시킵니다. 트리파노조마가 침입하면 잠자는 병에 걸려 죽고 맙니다. 그러나 파충류는 트리파노조마가 침입해도 아무 일 없이 살아갈 수 있습니다.

도대체 어찌된 일일까요. 간단히 말하자면 파충류는 공룡 시대부터 트리파노조마중에 걸려 있어서 오랜 기간에 걸쳐 완전히 공존 체제가 형성된 것입니다.

공룡보다 훨씬 뒤에 출현한 인류는 트리파노조마에 대해 무방비 상태이기 때문에 바로 수면병에 걸려서 죽게 됩니다 그러나 공룡도 트리파노조마와 공존 체제가 성립되기까지 수면병으로 계속 죽어갔던 것은 의심할 바 없습니다.

공룡은 가끔 물에 들어가 진드기 같은 기생충을 떨쳐 버렸다고 생각합니다. 바닷물에 몸을 푹 담가서 피부병을 고친 일이 있을지도 모릅니다.

공룡이 건조한 땅을 좋아하는 것은 나름대로의 이유가 있었습니다. 질퍽질퍽 물기가 스며나오는 습지대에서는 발톱 사이에 낀 진흙이나 분(糞)에 곰팡이가 번식하여 부패하였을 것입니다. 심해지면 발톱이 빠져 나가는 일도 있었을 것입니다. 이를 뒷받침하듯, 발톱이 붙어 있던 발가락 끝 뼈가 변형하여 구멍이 잔뜩 난 화석도 발견되고 있습니다.

뇌룡 브론토사우루스는 하루의 대부분을 물에서 보내고 있었습니다. 건조한 대지에서 생활하는 공룡이 물 속에서 오래 있으면 피부가 퉁퉁 불어 버릴 것입니다. 브론토사우루스는 그것을 방지하기 위해 피부 표면에 기름을 분비하고 보온용의 두꺼운 피하 지방층을 가졌을 것입니다.

그러나 브론토사우루스는 물 속에서만 오래 있을 수 없었습니다. 그것은 무서운 흡혈 거머리가 피부를 물어뜯어 피를 빨았기 때문입니다. 거머리를 해치우기 위해 가끔 뭍으로 올라가 일광욕을 하였습니다. 그러나 브론토사우루스의 흡혈 거머리를 전문으로 잡아먹는 어류가 나타나 끊임없이 공룡의 몸을 맴돌며 청소하였을 것입니다. 자연계란 그렇게 조화 있게 만들어져 있습니다.

31. 일본의 공룡

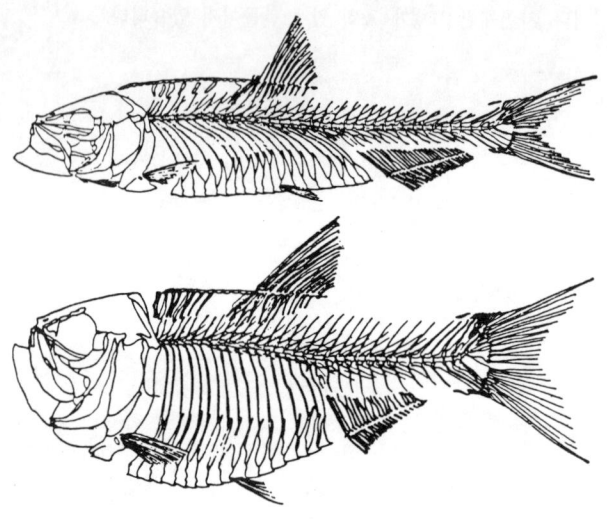

야마다 탄약고 자리 벼랑에서 나온 백악기 전기(약 1억 2천만 년 전)의 두 종류의 디플로미스투스. 길이 10cm 미만〔우에노(上野), 야부우치(藪內)〕

세계 각지의 중생대 지층에서 공룡의 화석이 계속 발견되고 있습니다. 캐나다의 앨버타 주에 있는 레드 데어 강 계곡에 노출된 백악기층에서는 무수한 공룡의 뼈가 퇴적하여 두꺼운 층을 형성하고 있습니다.

그러나 일본에는 공룡 화석이 너무 없기 때문에 생각하면 슬퍼집니다. 그래도 최근 조금씩 발견되고 있다는 반가운 소식이 들려 오고 있습니다. 약 20년 전, 나가사키현(長崎縣)의 미쓰비시다카시

31. 일본의 공룡 *179*

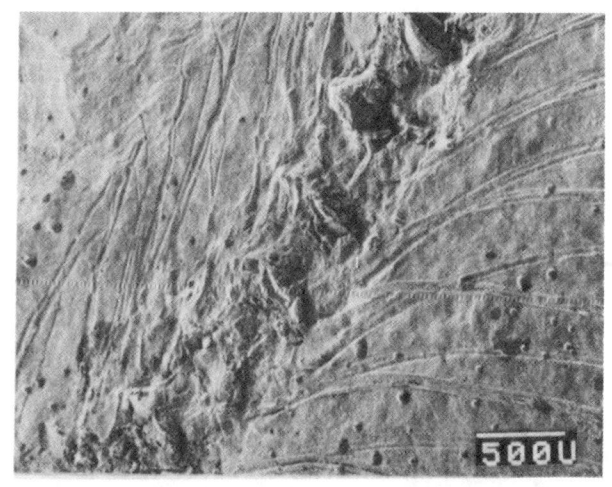

와이오밍 주의 에오세(5천만 년 전)의 그린리버 층에서 출토된 디플로미스투스. 사진은 몸 중앙의 추골과 늑골(U는 미크론)

마(三麥高島) 광업소에서 경영하는 탄광의 지하 917미터 갱도의 백악기의 딱딱한 사암에서 오리너구리룡의 앞다리 상완골이 발견된 일이 있습니다.

그것은 작업원 구마모토(能本善導) 씨가 다이너마이트로 부순 바위 속에서 "이것은 진기한 동물 뼈의 조각인지도 몰라" 하며 검게 빛나는 뼈 조각을 주워 든 것이 발단이었습니다. 그 후 많은 작업원이 부서진 바위 무더기를 열심히 찾았으나 더 이상 다른 것은 발견하지 못하였다고 합니다.

그러나, 후쿠오카현 기타 규슈시 오쿠라구(福岡縣 北九州市 小倉區)의 교외에 있는 야마다(山田) 탄약고 자리에서 길이 10센티미터 정도인 두 종류의 디플로미스투스(*Diplomystus*)가 발견되었습니다. 디플로미스투스는 가끔 우리 식탁에 오르는 청어의 친척뻘에 속하는 어류입니다. 1억 2천만 년 전의 백악기 전기의 유해치고는 보존 상태가 매우 양호하며, 가는 늑골까지 잘 남아 있습니다.

이 디플로미스투스는 담수성 어류이므로 발견된 자리에 당시 커다란 호수가 있었다는 것을 나타내는 움직일 수 없는 증거입니다.

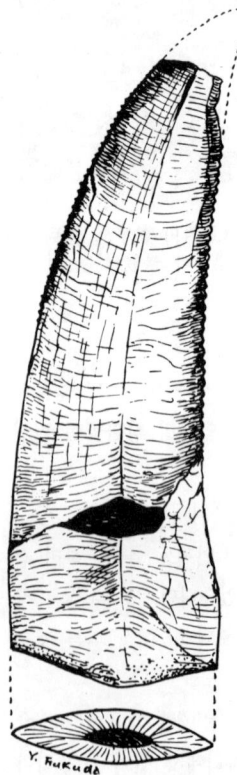

와세다 군이 발견한 미후네룡의 이
길이 7.5cm

미후네룡의 이는 메갈로사우루스 무리의 아래턱뼈의 이(검은 부분)인 것으로 생각된다[하세가와(長谷川)의 그림을 고쳐 그림]

31. 일본의 공룡 *181*

군마현 다노군 우에노촌의 백악기 전기(1억 2천만 년 전) 지층에서 발견된 지름 80㎝, 길이 3.5m의 거대한 소철 화석. 높이 15m 정도에 달하는 소철이었던 것으로 추정된다

그러므로, 앞으로 공룡의 화석이 발견될 가능성은 매우 크다고 생각합니다.

구마모토현 미후네정(御船町)은 약 1억 년 전 백악기 중기의 조개 화석이 많이 나오는 지층으로 유명합니다. 지층은 미후네층군(御船層群)이라고 하며 위층은 바닷조개를 함유한 층으로, 아래층은 강어귀 부근 퇴적물층으로 되어 있습니다. 거기서 담수와 해수가 서로 섞이는 곳에서 사는 재첩이나 굴의 화석이 나왔습니다.

당시, 국민학교 5학년이던 와세다(早田展男) 군은 여름방학 숙제로 미후네층군의 화석을 채집하기로 하였습니다. 아버지(早田辛作)와 둘이서 화석을 찾다가 와세다 군은 미후네층군의 아래층 강어

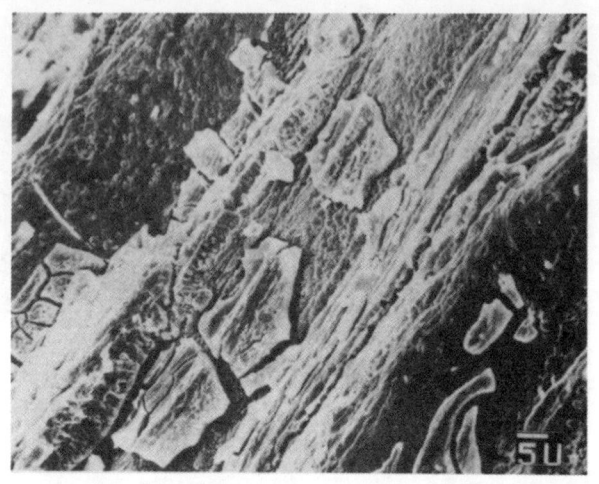

181쪽의 거대한 소철의 전자 현미경 사진 (U는 미크론)

귀 퇴적물 층에서 엿색깔을 띤 묘한 것을 파냈습니다. 크기는 7.5 센티미터 정도로서 약간 둥글게 굽어 있었고, 가장자리가 톱날과 같이 꺼끌꺼끌하였습니다.

그것을 구마모토 대학 이학부의 무라타(村田正文) 교수에게 갖고 가서 조사해 달라고 부탁하였습니다. 무라타 교수는 상어의 이로 생각하고 국립 과학 박물관의 우에노(上野輝彌) 박사에게 상담을 의뢰하였습니다. 그러나 의외로 "이것은 어류의 이는 아닙니다. 어쩌면 공룡의 이인지도 모릅니다"라는 답을 받았습니다. 그래서 요코하마(橫浜) 국립대학의 하세가와(長谷川善和) 교수에게 표본을 보이자 "공룡의 이가 틀림없습니다. 메갈로사우루스 무리의 이로 생각합니다"라는 답신을 받았습니다. 이렇게 하여 국민학교 5학년생인 와세다 군은 일본에서 최초로 공룡의 이를 발견한 사람이

**매우 빠른 타조공룡 갈리미무스 무리.
등의 높이는 2m 정도 (오스본)** [27]

되었습니다. 그밖에, 이와데현 이와이즈미정 모시(岩手縣 岩泉町 茂師)에서 발견된 백악기 전기의 대형 공룡의 상완골이나, 군마현(群馬縣) 깊은 산 속에서 나온 육식성 공룡의 추골 조각이 있습니다. 이것은 그 후 연구를 통해 타조공룡 갈리미무스(*Gallimimus*)의 것으로 알려졌습니다. 갈리미무스 무리는 북아메리카나 고비 사막에서 발견되었기 때문에 당시의 일본 열도는 중앙 아시아와 연결되어 있었던 것을 가리키고 있습니다.

일본의 공룡학을 비로소 국제적인 수준까지 끌어올린 것은 군마현 다노군 나카사토촌 세바야시(多野郡 中里村 瀨林)의 '잔물결 바위' 벽에 남아 있는 공룡 발자국입니다. 이 '잔물결 바위'는 강어귀 부근에서 형성되었다고 생각되고 있습니다. 그 부근에서 거대한 소철 줄기의 화석이 발굴되었습니다. 타조공룡은 먹이를 찾아 소철 삼림 사이를 어슬렁거리고 있었는지도 모릅니다. 다른 무리는 강어귀 부근의 얕은 여울로 향했을 것입니다.

32. 공룡의 묘지는 존재하였는가

미나미요(南洋一郎)의 『푸른 십자성』이라는 옛날 모험소설이 있습니다. 거기에는 기분 나쁜 깊은 계곡 바닥의 코끼리 묘지에, 푸르른 흰 달빛에 머리뼈와 상아의 산이 떠오르는 삽화가 있습니다. 그것을 매일 밤, 자기 전에 어머니가 읽어 주셨습니다. 그러나 그것은 어디까지나 모험소설일 뿐이지 코끼리 묘지 같은 것은 없습니다.

공룡은 어떨까요. 제1차세계대전이 시작되기 전에 베를린 대학의 고생물학 주임교수인 야네시 박사는 이질로 고생하면서, 동아프리카의 텐다글에서 많은 현지인을 지휘하여 쥐라기의 거대한 공룡 브라키오사우루스를 발굴하였습니다. 거기에는 조각 나서 흐트러진

동아프리카의 텐다글에서 거대한 브라키오사우루스 늑골을 파내고 있는 현지인 조수(W. 야네슈) [27]

커다란 나무 줄기 같은 대퇴골, 추골, 늑골 등 잡다한 뼈가 산더미같이 묻혀 있었습니다. 그것은 언뜻 보아 공룡의 묘지같이 보이지만, 실은 큰 호수에 가라앉은 공룡의 유해가 물흐름을 타고 자연히 모아진 데 지나지 않습니다.

남부 독일의 학원 도시 튀빙겐 가까이 트로싱겐이라는 작은 마을이 있습니다. 지금으로부터 60년 전의 일로 마을에서 떨어진 바

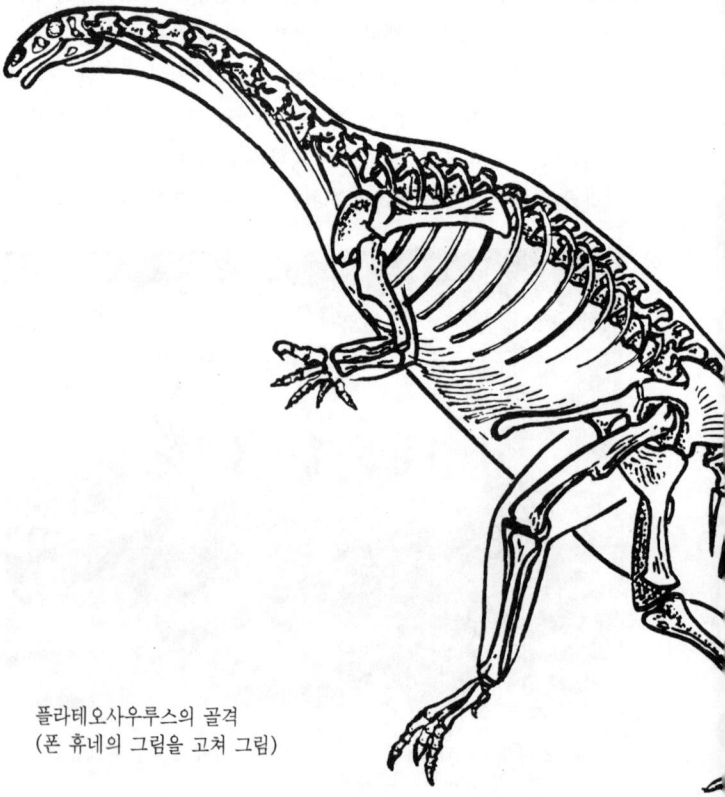

플라테오사우루스의 골격
(폰 휴네의 그림을 고쳐 그림)

위산에서 놀랄 정도로 많은 플라테오사우루스(*Plateosaurus*)의 화석이 나왔습니다. 플라테오사우루스란 길이 9미터 가까운 트라이아스기의 가장 큰 공룡입니다. 강한 뒷다리로 서서 두 다리로 걷던 잡식성 공룡입니다. 몸 표면에 얼룩말 같은 가로줄 무늬가 있었다고 하는 학자도 있습니다.

플라테오사우루스 유해의 산을 앞에 둔 튀빙겐 대학의 휴네 교수는 그들 공룡이 사막을 횡단하다가 심한 갈증과 기아 때문에 탈진하여 죽은 것이 틀림없다고 주장하였습니다. 그러나, 제만 박사는 근처에 모래 언덕의 흔적이 없기 때문에 그렇게 생각할 수 없다고 하였습니다.

휴네 교수 같은 훌륭한 사람의 권위에 굴하지 않고, 자신의 주장을 펴는 것은 역시 자연과학을 존중하는 독일인다운 점입니다. 제만 박사는 휴네 교수가 내세우는 모래 언덕이란 실은 아주 오랜 옛날, 땅이 미끄러져 움직인 흔적으로 오랜 시간이 지나서 모습이 완전히 없어져 버렸기 때문에 휴네 교수가 잘못 보았다는 것이었습니다. 그리고 땅이 움직일 때 생긴 강한 토사류에 플라테오사우루스가 휩쓸려들어 죽었다고 하였습니다.

와이즈함페르 박사는 희생된 플라테오사우루스는 젊었으므로 힘이 떨어져서 걷다가 쓰러졌다고는 생각할 수 없다고 제만 박사의

견해를 지지하고 있습니다. 샘에 물 마시러 모였을 때 토사가 무너져 밀려들었을 것입니다.

트로싱겐의 플라테오사우루스 유해는 작은 뼈 조각까지 합하면 수천 마리나 됩니다. 이것도 공룡의 묘지같이 보이나 사고사한 불쌍한 공룡의 집단입니다.

죽을 때가 가까워지면 무리에서 슬며시 빠져 나와 공동묘지 같은 곳으로 가서 조용히 눕는다는 것은 매우 낭만적인 얘기이지만 공룡 세계에 그런 일은 없었습니다.

33. 인류가 처음 발견한 공룡의 알

바얀 자크의 '불꽃 낭떠러지'에서 발견된 프로토케라톱스의 알 화석. 알의 크기는 긴 쪽 지름이 20cm 정도(던버의 그림을 고쳐 그림)

공룡은 버젓한 파충류의 일원입니다. 그러므로 많은 학자는 악어나 거북이같이 알로 번식하였을 것이라고 생각하고 있었습니다. 그러나 유감스럽게도 '이것이 공룡의 알이다'라는 결정적인 것이 없었습니다.

수수께끼가 풀린 것은 60여년 전, 햇볕이 쨍쨍 내리쬐는 고비 사막의 무더운 7월 상순 오후였습니다. 그 날, 미국의 앤드류스 박사를 대장으로 하는 고생물 조사대가 몽고의 수도 울란바토르에서 500킬로미터 남쪽으로 떨어진 바얀 자크의 불꽃 낭떠러지에서 약 8천만 년 전의 프로토케라톱스(*Protoceratops*)의 대산란장을 발견하였습니다.

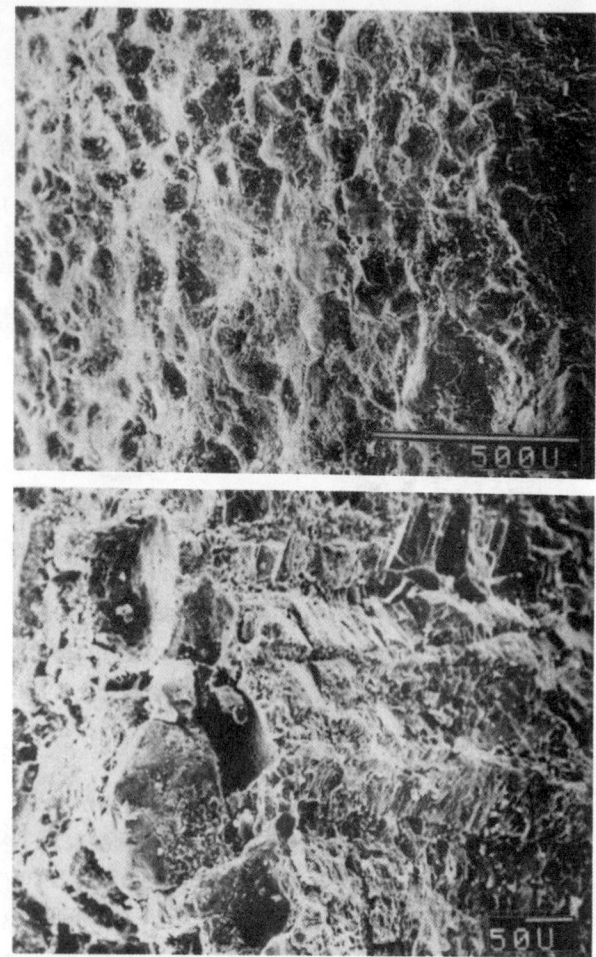

고비 사막의 불꽃 낭떠러지에서 발견된 프로토케라톱스의 알 껍질. 위는 알 껍질에 붙어 있는 산란장의 모래알. 아래는 모래알 아래쪽에 있는 석회질 알 껍질 본체 (U는 미크론)

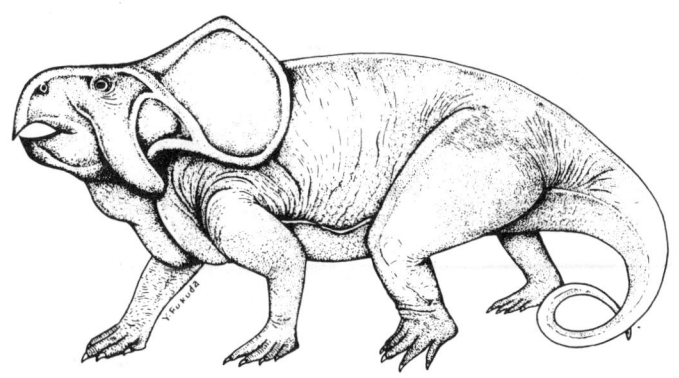

프로토케라톱스의 복원도 (A. 차리그의 그림을 고쳐 그림)

화석화한 알은 동심원형으로 늘어서 있었습니다. 알 중에는 새끼 프로토케라톱스의 골격이 들어 있는 것도 있었습니다. 부화 중이었을 것입니다. 프로토케라톱스 암컷은 지면에 얕은 구멍을 파고 알을 낳은 후 주둥이로 모래를 덮고 태양열로 부화시킨 것으로 생각됩니다.

프로토케라톱스는 길이 2미터 정도의 작은 공룡이지만 알은 길이 20센티미터, 지름 7센티미터 정도로 비교적 컸습니다. 껍질 표면에 길게 그어진 가는 선이 여러 가닥 나 있어서 매우 껄끄러운 느낌이 듭니다.

프로토케라톱스가 알을 모래 속에 낳았다면 특별한 보호색은 필요없었을 것입니다. 알에 색이 있었다 해도 기껏 엷은 갈색이었을 것으로 생각합니다.

야조(野鳥)의 알 중에는 갈색 반점이나, 풀의 색과 구별할 수 없는 색을 띤 것이 있습니다. 그것은 알이 땅 위에 나와 있기 때문에

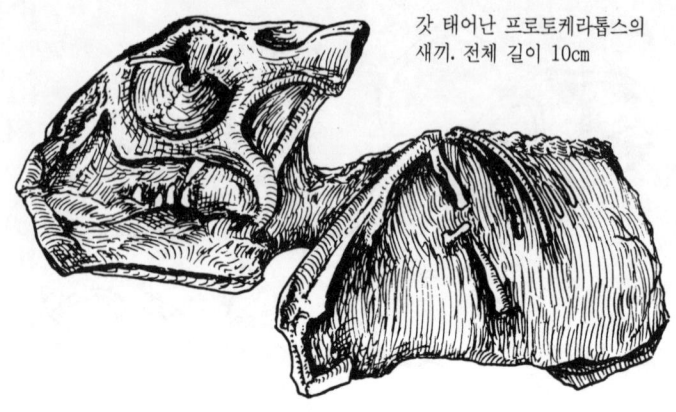

갓 태어난 프로토케라톱스의 새끼. 전체 길이 10cm

가능한 한 눈에 뜨이지 않게 하여 외적으로부터 보호하기 위한 것입니다. 백색 레그혼의 흰 알은 인공적인 도태로 만든 산물로 생각해도 좋을 것입니다.

프로토케라톱스의 산란장에서 두개골이 맞아 깨진 소형의 육식성 공룡이 발견되었습니다. 알을 훔치러 둥지에 들어왔다가 프로토케라톱스 어미에게 발견되어 물려 죽은 가여운 희생자로 생각됩니다. 이 공룡에게는 오비랍토르(Oviraptor : 알 도둑)라는 매우 불명예스런 학명이 붙어 버렸습니다. 오랫동안 오비랍토르는 오직 공룡의 알만 먹고 생활하였던 것으로 생각되고 있었습니다.

그러나 프로토케라톱스 외의 공룡도 틀림없이 산란 시기가 있었습니다. 만약 오비랍토르가 알을 상식하고 있었다면, 산란 시기가 끝나면 먹을 것이 없어지는 심각한 사태에 빠져 들어 굶어 죽었을 것입니다. 그러나 굶어 죽지 않았다는 것은 오비랍토르의 턱이 매우 힘세고 튼튼하게 되어 있어서, 당시 호수와 늪 지대에서 크게 번식하고 있던 조개류를 영양원으로 하였기 때문입니다. 오비랍토

33. 인류가 처음 발견한 공룡의 알

머리에 화석조 같은 벼슬을 가진 오비랍토르(알 도둑). 그림은 프로토케라톱스의 알을 주변 눈치를 보며 먹고 있는 모습 (고비사막 공룡전에서)

르는 호수 바닥 진흙에서 조개류를 파내어 약간 위쪽으로 젖혀진 각질 부리로 껍질을 깨서 살 부분을 빼먹었을 것입니다.

오비랍토르로서는 공룡의 알이나 조개가 석회질 껍질로 되어 있고, 먹기 위해서는 땅 속에서 파내야 하는 공통점을 갖고 있으므로 두 가지 다 먹이였을 것입니다. 그리고, 조개는 오비랍토르가 프로토케라톱스에게 물려 죽은 것이 사실이라면 프로토케라톱스는 알을 낳은 후에도 현재의 악어와 같이 새끼가 부화할 때까지 보금자리를 지켰던 것이 아닐까요.

프로토케라톱스의 대산란장인 '불꽃 낭떠러지'란 이름은 고비 사막에 태양이 질 때 노을을 받아 낭떠러지의 바위 표면이 이글이글 타오르는 것같이 보이므로 붙은 이름으로 이는 앤드류스 팀이 붙였습니다. 이 불꽃 낭떠러지는 공룡 연구에 새로운 불을 지폈다는 점에서도 공룡에 흥미를 갖는 사람이라면 누구나 잊을 수 없는 곳입니다.

필자에게 우연히 60여년 전 앤드류스 팀이 가져 온 프로토케라톱스의 알 조각을 조사할 행운이 왔습니다. 프로토케라톱스의 작은 알 조각에 금을 훈증(燻蒸) 부착하여 전자 현미경으로 보았습니다.

독자는 왜 표본에 금을 훈증 부착시키는지 이상스럽겠지요. 알 껍질은 그대로 전자 현미경으로 볼 수 없습니다. 이런 얘기는 물리학 강의 같아서 그다지 흥미 없으리라고 생각하지만 한번 설명하고 넘어가기로 합시다. 전자 현미경에 표본을 놓고 높은 전압을 겁니다.

그러면 전자총에서 맹렬한 기세로 전자선이 나옵니다. 강한 에너지를 가진 전자 입자가 표본 표면에 부착되어 있는 금의 막에 닿으면 금 원자 속의 전자가 밖으로 튀어나가게 됩니다. 그것은 폭력단이 서 있는 줄을 가르고 끼어드는 것과 같습니다.

튀어나온 전자를 잡아서 전류의 강약에 따라서 영상화한 것이 전자 현미경(여기서는 주사형을 의미한다)입니다. 울퉁불퉁한 표면 중에, 튀어나온 곳에서는 많은 전자가 튕겨 나오며 들어간 곳에서는 조금밖에 튕겨 나오지 않습니다. 그 결과 생기는 음영이 영상에 입체감을 줍니다. 전자선의 본체는 전자라는 미립자로 되어 있습니다. 전자선에 쪼이면 전자가 밖으로 가장 쉽게 튕겨 나가는 물질은 금입니다. 그래서 금을 사용합니다. 밖으로 튕겨 나가는 전자의 양이 많을수록 선명한 화상이 만들어집니다.

알 껍질에 전자선을 쪼여도 전자는 거의 튕겨 나오지 않기 때문에 영상이 만들어지지 않습니다. 그래서 표본에 금을 훈증 부착하게 되는 것입니다. 필자가 근무하고 있는 곳에서 "후쿠다 씨는 금 도금 전문가래요"라고 여성들에게 알려진 일이 있습니다. 그래서 여성들이 펜던트를 만들려는지 금을 훈증 부착하여 달라고 이것저것 계속 들고와서, 금값으로 경비가 많이 나게 되어 지금은 연구용 외에는 해 주지 않고 있습니다.

프로토케라톱스의 알 표면은 겉에서 본 것같이 꺼끌꺼끌하며, 가는 모래알이 한 면에 붙어 있습니다. 모래는 산란장에 있는 모래일 것입니다. 껍질의 두께는 1밀리미터 정도이며, 얇은 석회판이 겹쳐져 있습니다.

프로토케라톱스의 알 껍질을 전자 현미경으로 관찰하고 있으면 여러 가지가 머리에 떠오릅니다. 지금부터 60여년 전, 바얀 자크의 불꽃 낭떠러지에 도착할 때까지 앤드류스 팀은 얼마나 고생이 많았을까. 그리고, 세계에서 처음으로 공룡의 알을 손에 넣은 순간 얼마나 기뻤겠는가 등이 전자 현미경 화면과 겹쳐 떠올라 시간이 흐르는 것도 잊을 정도입니다.

최근 고비 사막에서 폴란드의 학술 조사대가 발견한 앞다리로

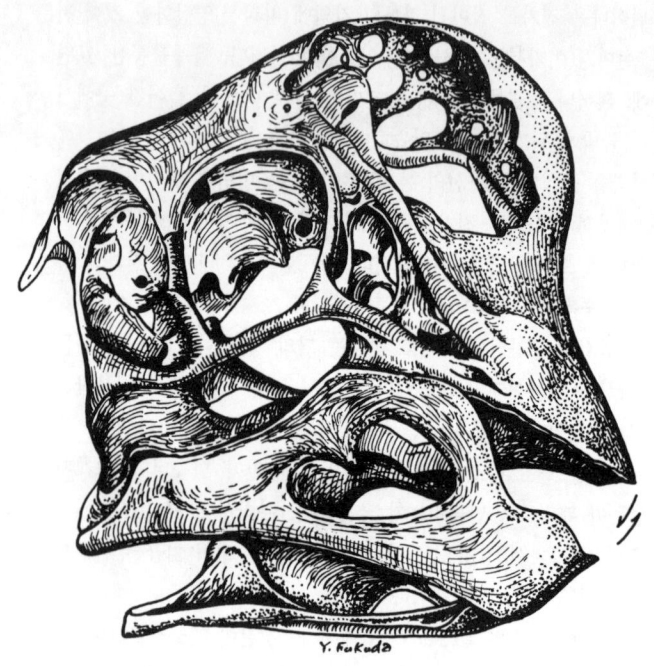

이가 없어지고 각질의 부리로 조개나 알을 먹은 오비랍토르 (알 도둑)의 두골. 화살표는 턱의 운동 방향

버틴 채로 화석이 된 프로토케라톱스는, 심한 태양열로 말라 버린 호수에 물을 구하러 가서 갈라진 호수 바닥을 여기저기 돌아다니다가 진흙에 발이 빠져 움직이지 못하고 그대로 죽은 것으로 생각됩니다.

프로토케라톱스의 주요 생활 장소는 육상으로, 앵무새 같은 날카로운 부리로 식물의 잎이나 줄기를 끊고 엄니로 씹어 먹었다고 생각됩니다.

33. 인류가 처음 발견한 공룡의 알

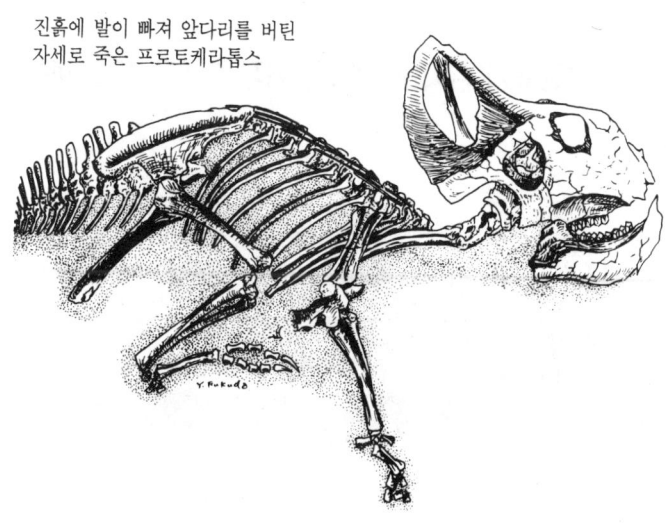

진흙에 발이 빠져 앞다리를 버틴
자세로 죽은 프로토케라톱스

34. 생명유지 장치를 완비한 가장 오래된 유양막란

석탄기 삼림에 서식하고 있던 지네, 아칸소테루페스. 길이 10cm. 이는 거대한 미치류(迷齒類)의 좋은 먹이였다고 생각된다

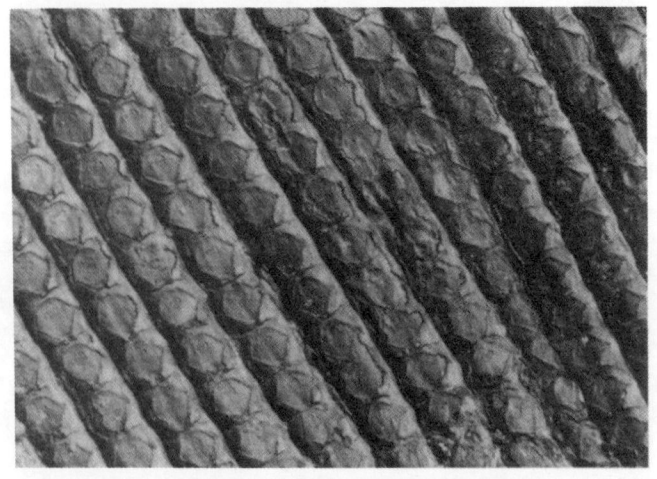

서독의 자르 지방 석탄기층에서 나온 시길라리아 줄기 일부

34. 생명유지 장치를 완비한 가장 오래된 유양막란

공룡은 뱀이나 악어, 거북이와 마찬가지로 파충류 무리입니다. 파충류의 대부분은 알로 번식합니다. 그러나 가시바다뱀이나 살무사, 절멸한 어룡같이 원시적인 자궁을 갖고 있어서 체내에서 알이 부화하여 모체에서 영양분을 공급받아 어느 정도 성장하고 나서 태어나는 것도 일부 있습니다.

시카고의 자연사 박물관에 전시되어 있는 석탄기 삼림의 모습 (G. R. 케이스)[28]

파충류는 3억 년 전 이상의 석탄기에 지상에 나타났습니다. 석탄기는 줄기 지름이 30센티미터나 되는 거대한 속새, 봉인목(封印木) 시길라리아(*Sigillaria*), 인목(鱗木) 레피도덴드론(*Lepidodendron*), 양치 식물 등이 울창하게 우거져 한낮에도 컴컴한 밀림을 형성하고 있던 시대입니다. 이 밀림의 습한 진흙 위를 지네와 바퀴벌레가 돌아다니고 있었습니다.

레피도덴드론이란 이름은 잎에 붙어 있던 흔적이 물고기 비늘 같은 모양으로 줄기 표면에 남아 있기 때문에 붙여진 이름입니다. 가장 큰 것은 높이 30미터 이상, 줄기가 무려 2미터 굵기에 이릅니다.

그들 식물이 오랜 시간 뒤에 땅 속에서 석탄으로 변하여 세계 각

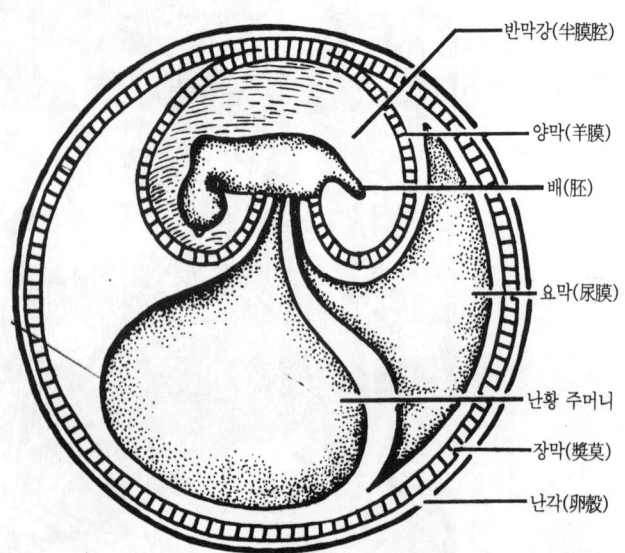

유양막란(有洋莫卵)의 모식도(E. H. 코르바트의 그림을 고쳐 그림)

지에서 두꺼운 석탄층을 형성하고 있습니다.

양서류에서 진화한 파충류는 습한 대지에 첫 발자국을 내디디었습니다. 초기 파충류 알은 대형의 난황과 태아의 원기(元氣)가 되는 배(胚 ; 알에서는 생명체에 해당), 양막강(洋膜腔)과 요막강(尿膜腔)의 두 주머니를 가졌고, 알 바깥쪽은 두꺼운 가죽 모양의 장막(漿膜)으로 보호되고 있었습니다. 또 알은 탁구공과 같이 탄력이 풍부하였을 것입니다.

알에서 가장 중요한 배는 바닷물과 성분이 비슷한 양수에 잠겨 있으며 난황에서 영양을 보급받고 있었습니다. 발생에 따라 배의 대사가 활발해지고, 대사 노폐물은 요막강으로 버려졌습니다. 이런 알을 유양막란(有羊膜卵)이라고 합니다.

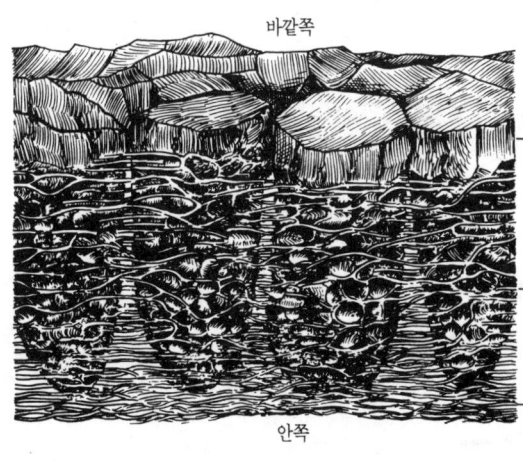

옛도마뱀 스페노돈 푼크타투스의 알 껍질. 원뿔형 석회 기둥 사이에 탄력이 좋은 섬유가 그물눈같이 들어가 있다(히르쉬 등의 그림을 고쳐 그림)

유양막란은 생명 유지 장치를 완비한 소형 우주선같이 엄격한 육상의 환경에 견디도록 설계되어 있었습니다. 알이 태양열로 적당히 덥혀지면 배가 어미 모습으로 발육하여 부화하였습니다. 이런 초기의 유양막란은 아직 석회화한 알 껍질을 갖고 있지 않습니다.

그래서 초기의 유양막란은 화석으로 남기 어려웠습니다. 그러나 이것은 학문적인 가정입니다. 초기의 유양막란 껍질을 열심히 연구하고 있는 학자로는 콜로라도 대학 박물관에 근무하는 독일계 미국인 힐슈 박사가 있습니다.

힐슈 박사는 현재 해부학자와 그룹을 지어 2억 년 전과 똑같은 몸을 가지고 있는 가장 원시적인 파충류 스페노돈 푼크타투스(*Sphenodon punctatus* : 옛도마뱀)의 알을 조사하였습니다.

그 결과 옛도마뱀은 0.2밀리미터 정도 두께의 알 껍질을 가졌고, 알 껍질에는 석회질 결정 사이에 단백질 섬유가 그물같이 많이 들

2억 7천만 년 전 습지대를 어슬렁어슬렁 기어다니던 거대한 양서류 에리오프스(R. 빌드의 그림을 고쳐 그림)

34. 생명유지 장치를 완비한 가장 오래된 유양막란 203

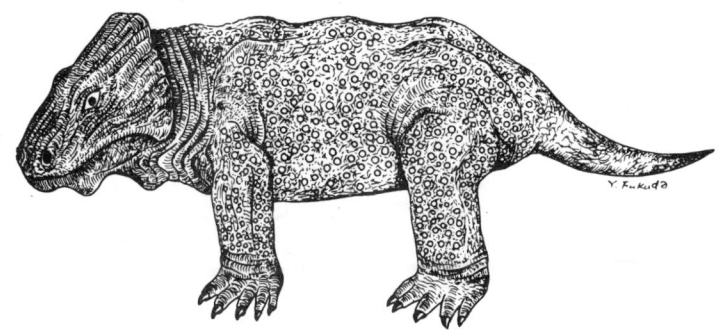

배룡류(杯龍類)에 속하는 초기의 원시 파충류 브라디사우루스.
남아프리카의 페름기 후기. 길이 2cm 정도. 이 무리가 최초의 유양
막란을 낳았을 것이다 (A. 차리그의 그림을 고쳐 그림)

어 있는 것을 알아냈습니다. 초기의 유양막란이 탁구공같이 탄력이 있었던 것은 알 껍질이 탄력성이 풍부한 섬유로 구성되어 있었기 때문입니다.

옛도마뱀 알의 연구로, 바다거북의 알은 원시적인 성질을 상당히 남기고 있는 것을 밝혔습니다.

석탄기 삼림에 유양막란이 처음 출현하고 나서 수천만 년의 시간이 흘렀습니다. 고생대 말의 페름기(지금으로부터 2억 8천만 년 ~2억 4천만 년 전)에 드디어 딱딱한 석회질 껍질을 가진 유양막란이 모습을 보였습니다.

이 유양막란의 화석은 '콧수염 기른 하사'로 별명 붙은 열등감 많은 히틀러가 폴란드를 불법 침입하여 제2차세계대전이 시작된 해에 로머와 프라이스 두 사람의 고척추 동물학자가 텍사스주 사막에 있는 적색 바위층에서 파냈습니다. 크기는 지금의 달걀만합니

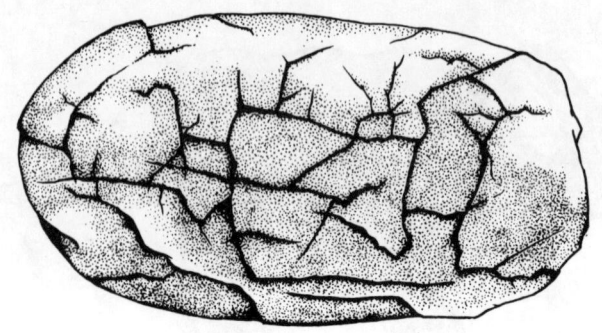

가장 오래된 유양막란의 화석. 크기는 달걀 정도
(E. H. 코르바트의 그림을 고쳐 그림)

다. 알 껍질 일부를 벗겨 화학 분석한 힐슈 박사는 칼슘과 철이 많은 점에 주목하였습니다. 아마 철은 화석화 과정에서 알 껍질 내에 스며들었을 것입니다. 아득한 3억 년 전의 고생대 후반에 모습을 나타낸 파충류〔杯龍類(배룡류) 무리〕는 계속 세력을 넓혀, 아둔한 두꺼비 같은 양서류를 압박하여 갔습니다.

35. 공룡 알의 구조

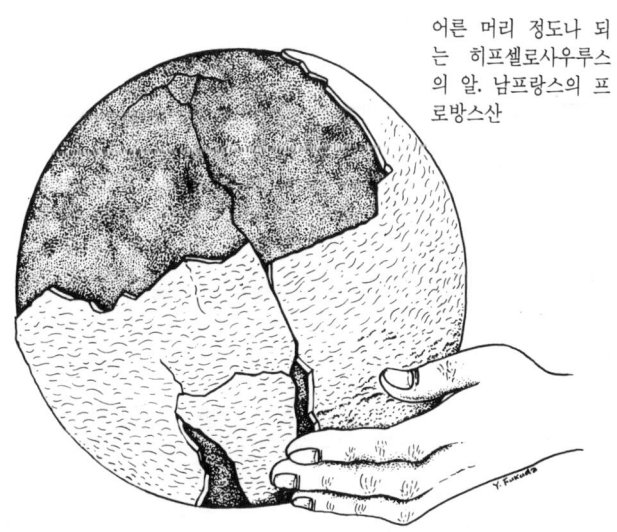

어른 머리 정도나 되는 히프셀로사우루스의 알. 남프랑스의 프로방스산

도쿄에 간 김에 필자의 친구가 경영하고 있는 화석 표본점에 오랜만에 들렀을 때입니다. "마침 잘 왔다. 지금 프랑스에서 공룡 알이 금방 도착하였는데 이거야. 종류를 알면 크게 도움이 되겠는데, 어떻게 알 수 없겠나?"라고 부탁받았습니다. 보니, 방의 모퉁이에 놓여 있는 갈색 종이 상자 속에 엷은 적갈색을 띤 둥근 바위덩이가 들어 있었습니다.

북미나 고비 사막에서 나온 알 화석은 종류가 너무 많아서 알아내기 힘들지만 프랑스산은 간단합니다. 필자는 "산지는 프랑스 어

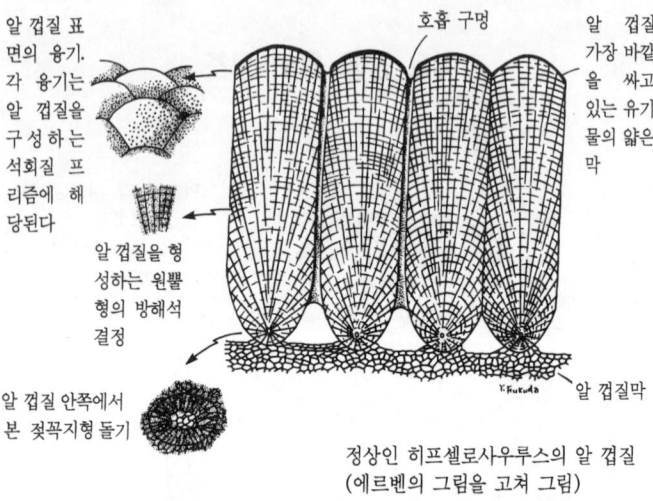

정상인 히프셀로사우루스의 알 껍질
(에르벤의 그림을 고쳐 그림)

히프셀로사우루스의 알 껍질 단면. 화살표는 호흡 구멍 (U는 미크론)

35. 공룡 알의 구조 207

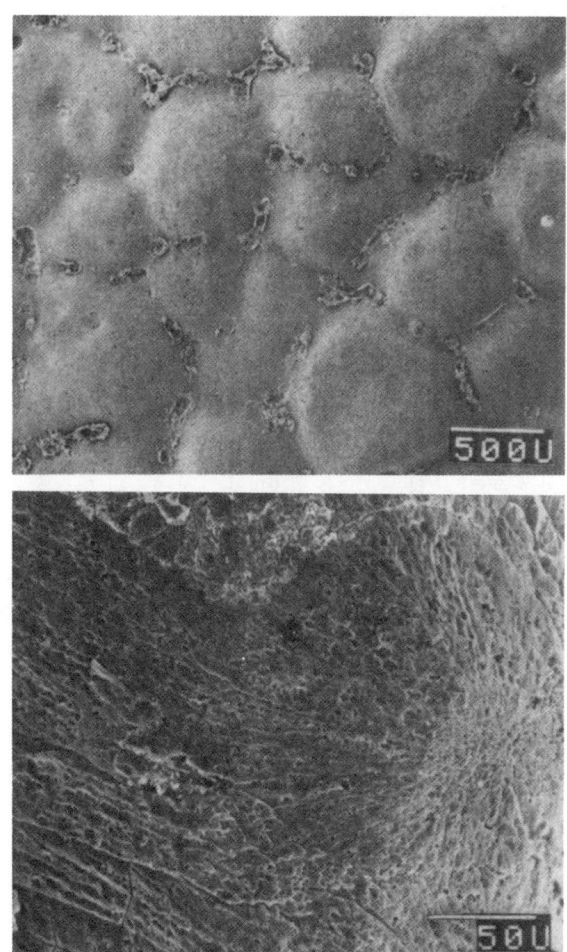

히프셀로사우루스의 알 껍질. 위는 알 껍질 표면의 툭툭 튀어 나온 곳을 나타낸다. 아래는 알 껍질의 기본이 되는 원뿔형 방해석의 프리즘과 안쪽의 젖꼭지형 돌기 (사진 오른쪽) (U는 미크론)

느 지역이야?" 하고 물어 보았더니 "프로방스"라고 대답하였습니다.

프랑스 남부의 프로방스 지방은 푸르름이 우거진 전원 지대로 세잔의 명화에도 자주 등장합니다. 그러나 7천만 년 전의 중생대 말기에는 커다란 호수가 있었습니다. 그 부근이 공룡의 산란장이었습니다.

프로방스의 바위산에서 나오는 어른 머리만한 공룡의 알은 브론토사우루스(*Brontosaurus*) 근연종(近緣種 ; 형태는 다르나 생물의 분류 계통상으로는 관계가 가까운 것)인 길이 10미터 이상, 무게 8톤 정도의 히프셀로사우루스(*Hypselosaurus*)의 알로 생각하면 틀림없습니다.

필자는 프로방스라는 지명을 듣자마자 내심 회심의 미소를 지었습니다. 전문 학자라는 사람의 체면상 관록을 보여 주어야 하므로 "그것은 히프셀로사우루스의 알일 것이다"라고 하였습니다. 주인이 매우 기뻐한 것은 말할 필요도 없습니다.

히프셀로사우루스 알의 화석이 사람의 눈에 띄기 시작하고 나서 긴 역사가 있습니다. 1869년, 프로방스에서 발견된 알은 히프셀로사우루스 뼈 사이에서 나왔습니다. 처음에는 그것이 절멸한 거대한 새의 알인가 아니면 히포셀로사우루스의 알인가 결정하지 못하고 있었으나, 1930년에 완전한 알의 화석이 발굴되어 히프셀로사우루스의 알로 정해졌습니다.

그러고서, 가게 주인과 교섭 끝에 드디어 알 화석에서 새끼손가락 끝 만큼의 조각을 떼어냈습니다. 물론, 알의 뒷면이므로 상품 가치에는 손상이 없었습니다.

전자 현미경으로 관찰하는 데는 그 정도로 충분합니다. 히프셀로사우루스 알 껍질은 두께가 2밀리미터 정도로 크기에 비해 얇습니다.

이 알 껍질은 바늘 같은 방해석(方解石 ; 칼사이트)의 결정이 모여서 된 다수의 원뿔형 블록(block)으로 되어 있습니다. 그들 블록은 껍질 표면에 낮은 타원형으로 튀어나와 있었습니다.

알 안쪽에는 원뿔형 블록 사이에 태아의 호흡을 위한 작은 구멍이 있었습니다. 공룡의 알은 아무리 화석화하여도 매우 부스러지기 쉽습니다.

그것은 서릿발이 발에 빍혀 부스러질 때의 소리와 비슷합니다. 공룡의 알이든 다른 알이든, 알 껍질이 잘 안 부스러지면 부화시 새끼가 껍질을 깨고 나오지 못합니다.

그러므로, 알 껍질은 방해석 결정이 세로 방향으로 늘어선 매우 단순한 구조로 되어 있게 마련입니다. 공룡 새끼는 안에서 부리로 알 껍질을 콕콕 쪼아 금을 크게 하여 나왔음에 틀림없을 것입니다.

텔레비전 프로에 가끔 나오는 괴수들 장면 중에 공룡 새끼가 알 껍질을 으드득으드득 부수고서 맹렬한 기세로 튀어 나오는 것은 엉터리입니다.

여담이지만, 같은 석회질의 껍질이라도 바지락과 대합의 껍질이 깨지기 어려운 것은 세로 방향으로 나 있는 석회층(稜柱層 : 능주층)과 가로로 나 있는 석회층(眞珠層 : 진주층) 두 가지로 되어 있기 때문입니다.

36. 공룡의 절멸과 이상란

프랑스 남부 프로방스에서 나오는 히프셀로사우루스 알 중에는 매우 깨지기 쉬운 것과 반대로 깨지기 어려운 것이 있습니다.

본 대학의 에르벤 교수는 전자 현미경으로 화석의 미세 구조를 조사하여 매년 두꺼운 연구 보고서를 내고 있습니다. 모두 대학에서 경비를 대고 있으므로 부러울 뿐입니다. 에르벤 교수는 히프셀로사우루스의 이상란을 입수하여 상세히 검토한 결과에다 훌륭한 전자 현미경 사진을 첨부하여 논문으로 정리하고 있습니다.

필자는 에르벤 교수가 보내 온 논문을 받았을 때 "완전히 선수를 뺏겼구나. 금방 해치우는 순발력에는 어찌해 볼 수가 없구나" 하고 놀람과 분함이 섞인 한숨이 나왔습니다. 필자는 전에 히프셀로사우루스의 정상란 구조를 조사하였으므로 이번에는 소문으로 듣고 있던 이상란을 꼭 직접 조사하고 싶은 욕망이 간절하였기 때문입니다. 에르벤 교수도 필자와 같은 생각을 갖고 있었구나 하는 것이 필자의 솔직한 심정이었습니다.

히프셀로사우루스의 이상란은 정상란보다 알 껍질 두께가 두 배나 되어 그대로는 도저히 부화하기 어려울 것으로 생각되는 것과 매우 얇은 껍질로 된 것 두 가지가 있습니다. 이상란 중에서도 알 껍질이 두꺼워진 것은 히프셀로사우루스의 뇌하수체에서 분비되는 바소프레신(vasopressin)의 감소에 의한 것이 아닌가 생각되고 있습니다. 바소프레신이란 산란을 지배하는 호르몬이므로 분비량이 감소하면 산란이 저해됩니다. 그 결과, 알이 장기간 난관 내에 머물기 때문에 석회 침착의 이상이 일어납니다.

껍질이 얇은 것은 석회 침착에 중요한 여성 호르몬 에스트로겐

36. 공룡의 절멸과 이상란 211

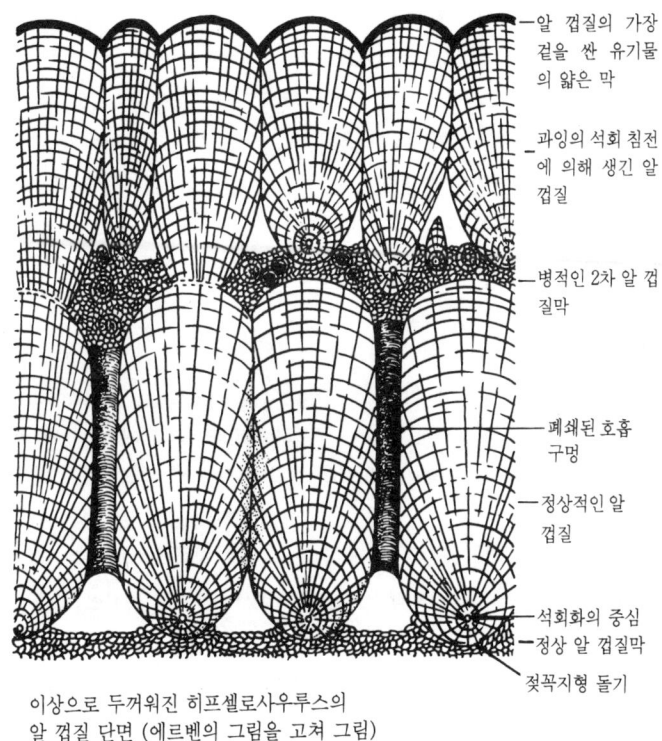

이상으로 두꺼워진 히프셀로사우루스의
알 껍질 단면 (에르벤의 그림을 고쳐 그림)

- 알 껍질의 가장 겉을 싼 유기물의 얇은 막
- 과잉의 석회 침전에 의해 생긴 알 껍질
- 병적인 2차 알 껍질막
- 폐쇄된 호흡 구멍
- 정상적인 알 껍질
- 석회화의 중심
- 정상 알 껍질막
- 젖꼭지형 돌기

(estrogen)의 분비력 저하가 원인으로 생각됩니다. 왜 이런 호르몬 부전(不全)이 일어났을까요.

어느날, 필자의 연구소에 축산 시험장의 높은 사람이 방문하였습니다. "후쿠다 선생님은 여러 동물의 알 구조를 연구하고 있다고 들었는데 한 가지 부탁이 있습니다"라고 말을 꺼내었습니다.

그는 백색 닭인 레그혼 종을 초과밀 상태로 사육하면 이상란이 많이 생긴다고 하였습니다. 그 이상란을 전자 현미경으로 조사해

줄 수 없겠느냐는 것이었습니다.

필자는 "거 홍미있는 일입니다. 꼭 해 보고 싶은 일로 오히려 이쪽에서 부탁하고 싶습니다" 하고 즉석에서 받아들였습니다. 수일 후 칸막이 상자에 닭의 여러 가지 이상란을 넣은 표본 상자가 도착하였습니다. 전자 현미경으로 보니 정상적인 알 껍질 위에 여분의 석회질 분비물이 부착한 것과, 알 밖을 싸는 큐티쿨라(cuticular) 층이라는 유기물 막이 이상하게 두껍게 있어 매우 큰 흥미를 불러 일으켰습니다.

그 중에서도 여분의 석회층이 형성된 것은 에르벤 교수 논문의 알 껍질이 두꺼워진 히프셀로사우루스의 이상란과 똑같았습니다. 이 사실은 매우 중요한 것을 나타내고 있습니다. 그것은 조류와 공룡의 알 형성 짜임새는 서로 매우 비슷한 것을 암시하고 있기 때문입니다.

그런데 에르벤 교수는 개체 수의 증가와 먹이의 감소라는 악조건에 의한 커다란 스트레스로 히프셀로사우루스의 호르몬 균형이 깨어져서 이상란이 나온다고 생각하고 있습니다.

필자가 조사한 백색 레그혼의 이상란은 '닭의 아우슈비츠 강제수용소'라고 하는 게 옳을 정도로 초과밀 사육에서 오는 스트레스가 원인으로 생각됩니다. 그것은 에르벤 교수의 스트레스설에 상당히 가까운 것입니다.

히프셀로사우루스의 이상란은 시대가 새로워짐에 따라 증가하므로, 그에 따라 공룡이 멸망의 위기에 쫓기고 있었던 것을 알 수 있습니다. 히프셀로사우루스는 중생대 최후의 공룡이었습니다. 그리고 남프랑스의 프로방스에서 나오는 이상란의 화석은 공룡의 절멸을 증명하는 유일한 예입니다.

36. 공룡의 절멸과 이상란 213

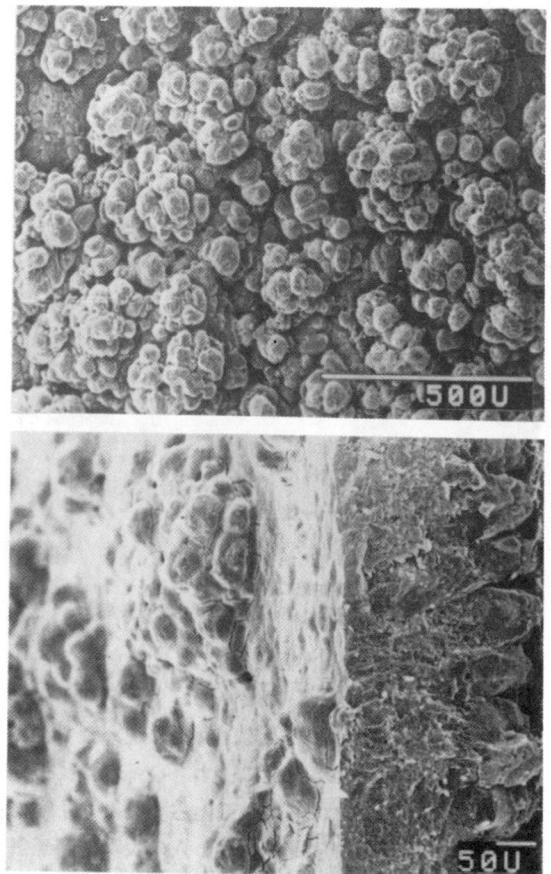

백색 레그혼에 나타난 이상란. 과잉의 석회 분비에
의해 과립이 알 껍질 표면에 존재한다. 아래는 단면,
사진 오른쪽은 정상인 알 껍질 (U는 미크론)

37. 화석 찾기의 천재 메어리 아닝

대영 박물관에 전시되어 있는 메어리 아닝의 초상화(왼쪽 아래)와
그녀가 발견한 수장룡

지금부터 약 180년 전의 일입니다. 영국 남부에 위치한 도세트 현의 쥐라기 전기의 딱딱한 바위가, 초여름의 부드러운 햇볕 아래 바닷물에 씻겨 검게 빛나고 있었습니다. 그 바위 표면에 커다란 돌고래와 닮은 알 수 없는 동물의 완전한 화석뼈가 노출되어 있는 것이 아니겠습니까.

그 때 바위 사이에서 나타난 한 소녀가 기분 나쁜 화석뼈를 물끄러미 응시한 채 망연히 서 있었습니다. 그 이후, 그녀는 어룡 이크티오사우루스(*Ichthyosaurus*)의 세계 최초의 발견자로서 후세에

메어리 아닝의 아버지가 해수욕객에게 팔아서 생계에 보탰던 삼각조개(위의 세개)와 굴(아래 두 개)의 화석

이름을 남기게 되었습니다.

그 소녀는 겨우 12살인 메어리 아닝이었습니다. 어룡의 원반상 추골은 어류와 같이 양면이 절구형으로 움푹 들어가 있었습니다.

분리된 추골은 상당히 오래 전부터 알려져 있었으나 그것이 어류의 것인지, 파충류의 것인지 제대로 알 수 없었습니다. 그러나 메어리의 발견으로 소속 불명인 추골의 주인이 일거에 밝혀졌습니다.

메어리의 활약은 그후에도 수장룡 플레시오사우루스(*Plesiosaurus*), 익룡의 일종인 프테라노돈(*Pteranodon*)의 발견 등 셀 수 없을 정도입니다. 수장룡 플레시오사우루스는 지금의 돈으로 겨우

영국의 도세트 지방의 쥐라기층 중에는 이런 멋있는 바다나리의 화석이 풍부하게 함유되어 있다

1만 엔(약 7만 5천 원)에 팔렸습니다.

 그녀는 화석을 찾아내는 데는 천재라고 할 능력을 갖고 있었습니다. 그것은 목수였던 그녀의 아버지가 틈 있을 때 라임 레기스의 쥐라기층에서 자주 발견되는 멋있는 암모나이트나 삼각조개, 굴, 바다나리 등의 화석을 캐어 해수욕객에게 팔아 생계에 보태고 있었던 데 원인이 있습니다.

 메어리는 아버지 일을 거들고 있는 중에 화석 찾는 능력이 생겨서 우수한 직감력을 갖게 되었습니다.

쥐라기층에서 나온 암모나이트 무리

그러나 불쌍하게도 그녀가 10살 때 아버지가 세상을 떠났습니다. 메어리는 화석 채집 때 해안의 찬바람을 장시간 맞은 것이 원인이 되어 말년에 발목의 관절통으로 고통을 겪었습니다.

그 사이, 당시의 저명한 고생물학자와 학문적인 교류를 깊게 하여 '포실 우먼'(fossil woman : 화석 여사)이라는 경칭을 받았습니다. 지금도 대영 박물관의 수장룡 옆에는 화석이 가득한 무거운 상자를 한 손에 든 관록 있는 메어리의 초상화가 걸려 있습니다. 옆의 수장룡 플레시오사우루스는 물론 그녀가 발견한 것임은 말할 필요도 없습니다.

일본에서는 메어리같이 출중한 사람이 있어도 능력이 충분히 발휘되기도 전에 과혹한 수험 공부에 시달려 꽃피우지 못하고 맙니다.

38. 포시도니아 혈암의 어룡

 독일 남부에는 포시도니아 혈암층(頁巖層)이라는 결이 가는 검은 색의 해성층(海成層)이 발달하고 있습니다. 해성층은 1억 8천만 년 전 쥐라기에 해당되며, 포시도니아라는 이름은 가리비와 닮은 조개 화석이 많이 나와서 붙은 것입니다.

 포시도니아 혈암층에는 조개나 어류, 바다나리, 악어 등 외에 멋있는 어룡의 유해가 대량으로 들어 있어서 어룡의 공동 묘지라고 불러도 좋을 정도입니다.

 그 중에서도, 홀츠마덴이라는 바위산이 둘러싼 조용한 전원 지대는 가장 대표적인 어룡의 산지입니다. 거기서 어룡의 화석을 파내어 각지의 박물관에 팔아 생계를 유지하고 있던 베른하르트 하우프라는 사람이 있었습니다. 그는 발굴한 어룡을 물로 닦고 있을 때 어룡의 윤곽이 바위 위에 선명히 떠오르는 것을 보았습니다. 그것은 예기치 못했던 대발견이었습니다.

 그것이 계기가 되어 어룡의 전체 형태를 정확하게 복원할 수 있게 되었습니다. 그 때까지 어룡의 꼬리가 급히 아래쪽으로 굽은 것은 영양 장애에 의한 뼈의 병이든가, 사고에 의한 골절로 변형된 것에 틀림없다고 생각하고 있었습니다.

 그러나 그것은 완전한 정상으로, 위쪽으로 부채꼴의 한쪽 꼬리 부분이 있는 것을 알았습니다. 거기에는 골격의 흔적이 없기 때문에 탄력성이 풍부한 굵은 힘줄이나 결합섬유가 있었을 것입니다.

 베른하르트 하우프의 아들이 출판한 『홀츠마덴 부흐』(홀츠마덴의 책)라는 제목의 사진집에는 거기서 나온 여러 화석이 소개되어 있습니다.

38. 포시도니아 혈암의 어룡

어룡의 매력에 빠졌던 베른하르트 하우프씨의 초상 (이는 만년의 것) (베른하르트 하우프 박물관 출판물)[*30)]

홀츠마덴의 채석장에서 어룡 발굴을 지휘하는 베른하르트 하우프 씨(사진 중앙에 앉아 있는 사람) (베른하르트 하우프 박물관 출판물)[*30)]

 그 중에, 구부러진 그물눈 같은 가는 결합섬유가 어룡의 피하를 완전히 채우고 있는 사진이 실려 있습니다. 또, 등에 있는 삼각형의 등지느러미는 세로 방향으로 늘어선 굵은 힘줄로 구성되어 있습니다.

 그 사진을 보았을 때, 필자는 현재 살아 있는 동물의 유해를 눈앞에서 본 듯한 기분이 되었습니다. 당시, 육상을 돌아다니던 공룡에게는 꼬리 부분의 힘줄이 석회화하여 탄력성을 완전히 잃고 있었습니다.

 바닷속에서 생활하는 어룡의 힘줄이 석회화하지 않은 것은 중력에서 해방되고, 유영하기 위해 신체의 자유로운 굴신(屈伸) 운동이 필요하였기 때문입니다.

 어룡 연구에 큰 공헌을 한 베른하르트 하우프 씨는 만년에 튀빙겐 대학에서 명예 박사학위를 받고, 85살까지 행복한 인생을 보냈

38. 포시도니아 혈암의 어룡 221

피부 아래의 가는 결합섬유가 거의 완전히 남아 있는 홀츠마덴산 어룡 스테노프테리기우스 전체 길이 2m 정도(위). 오른쪽은 등지느러미 부분을 일부 확대한 사진(베른하르트 하우프 박물관 출판물)[30]

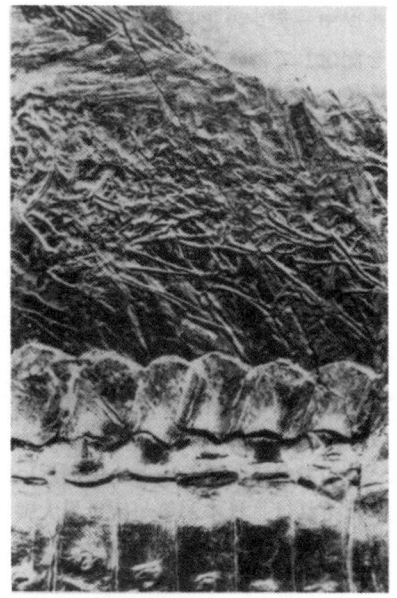

홀츠마덴산 어룡(스테노프테리기우스)의 꼬리지느러미에 존재하는 굵은 결합섬유. 그것은 꼬리지느러미의 지지장치로서 기능하였다고 생각된다. 오른쪽은 꼬리지느러미의 전체 모습. 왼쪽은 결합섬유(화살표)를 나타낸다(A. H. 뮐러) [27]

습니다.

바위산의 으스스한 정기가 스며나오는 것 같은 홀츠마덴의 화석층 가까이에 베른하르트 하우프 씨를 기념하여 세운 박물관에는 관내의 제1급 어룡 화석이 즐비하게 늘어서 있습니다.

그 곳을 방문한 견학자는 잠시 1억 년 이상 옛날의 바다로 되돌아가 당시 바닷가에 부딪치는 파도 소리를 들을 수 있을 것입니다.

어룡에 매료된 사람, 베른하르트 하우프 씨는 독학으로 어룡 연구에 새로운 경지를 개척하여 여러 신종을 세상에 내놓았습니다.

그러면, 그만 어룡에 얽힌 로맨틱한 얘기에서 현실로 되돌아옵시다. 현재 도호쿠(東北) 대학에 있는 홀츠마덴산 어룡은 70년 전에 구입한 것입니다.

지금의 돈으로 무려 1억 엔(7억 5천만 원)이나 지불하였습니다.

38. 포시도니아 혈암의 어룡 223

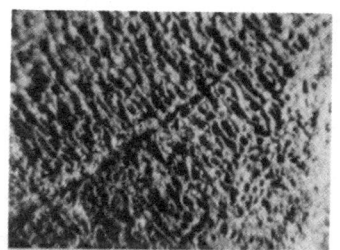
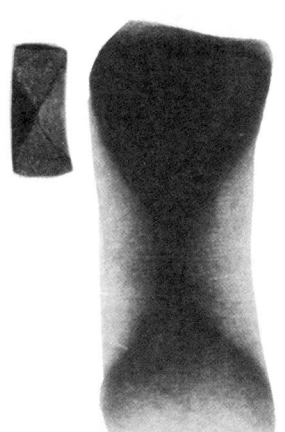

(왼쪽)어룡의 추골 단면의 광학 현미경상(가운데)장구형의 어룡의 추골 단면(지름 25mm 전후), 오른쪽은 X선 사진

바윗덩이 속의 뿔뿔이 흩어진 어룡의 추골 지름 50mm 전후

그것은 일본이 제1차세계대전으로 경기가 좋을 때에 해당됩니다. 발목을 제대로 잡혀 바가지 쓴 것입니다.

지금은 아무리 훌륭한 어룡의 화석이라도 1000만 엔(7천5백만 원) 정도로 살 수 있기 때문입니다. 그러나 필자의 주머니 사정으로서는 꿈 같은 얘기입니다.

39. 어룡의 법의학

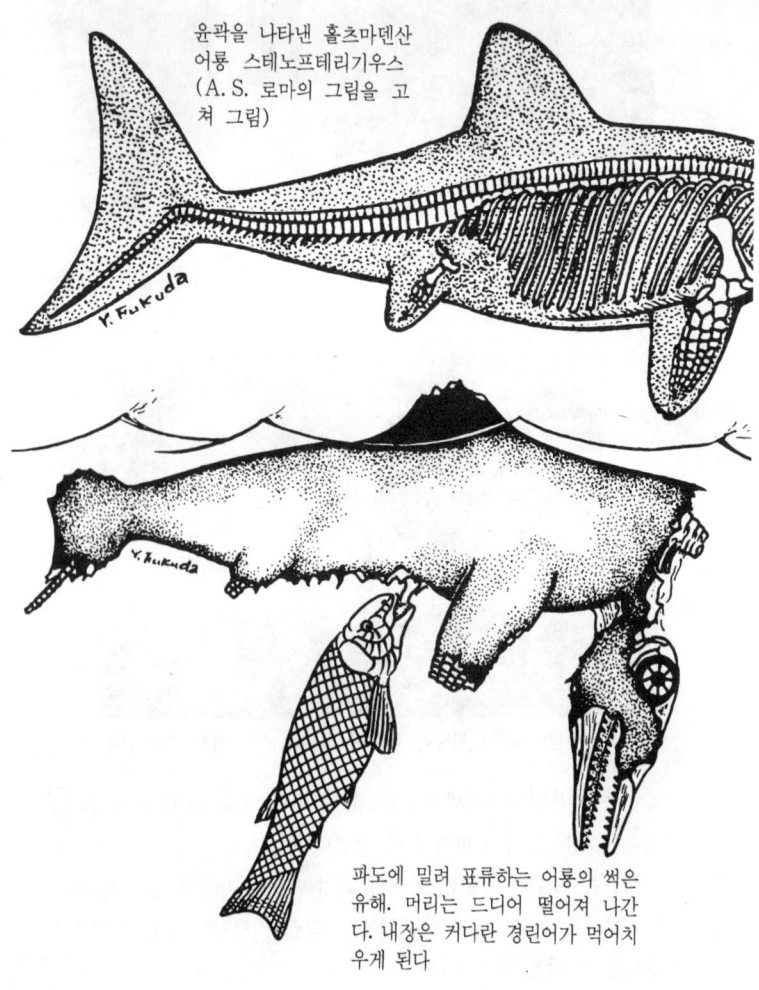

윤곽을 나타낸 홀츠마덴산 어룡 스테노프테리기우스 (A. S. 로마의 그림을 고쳐 그림)

파도에 밀려 표류하는 어룡의 썩은 유해. 머리는 드디어 떨어져 나간다. 내장은 커다란 경린어가 먹어치우게 된다 인간 세계에는 법의학이라는 것이 있습니다. 그것은 인간의 사체를 놓고 사인을 조사하는 학문입니다. 자살인가 타살인가(넓게는 사고사도 들어감), 또는 자연사인가 과학의 힘을 총동원하여 판정하게 됩니다.

자연사란 병이나, 수명이 다하여 죽는 것을 말합니다. 경찰이 개입하는 것은 타살인 경우입니다. 요즈음의 추리작가는 법의학을 상당히 공부하고 있는 것 같아서 경찰이 타살체를 조사하는 순서를 매우 박력 있는 필치로 재현하고 있습니다.

필자가 도쿄의 의과대학에 근무하고 있을 때, 법의학 교실은 해가 들지 않는 학교 건물 구석에 있었습니다. 웬지 모르게 시체 냄새가 나는 듯한 으시시한 느낌이 들어 될 수 있는 한 피해서 다녔습니다. 해부 실습에 익숙한 의학생도 법의학 수업에서 생생한 살인 현장의 슬라이드를 보면 속이 메스꺼워서 밥이 목을 넘어가지 않는 일이 있습니다.

그런데 법의학은 인간에게만 적용될 수 있도록 정해진 것은 아닙니다. 화석에 법의학 지식을 활용하여 사인을 조사하여 보는 것도 고생물학자의 역할이라 할 수 있습니다.

베른하르트 하우프 씨가 발견한 어룡의 유해에 물을 뿌리면 골격 주위에 윤곽이 떠오르는 것은 도대체 어떤 이유에서일까요. 그런 기묘한 현상을 조사하기 위해 헤러 교수는 어룡의 골격 주위 암석을 일부 긁어 내어 화학 분석을 해 보았습니다.

그 결과 리신, 아르기닌, 히스티딘, 아스파르트산 등 각종 아미노산이나 체지방 분해산물이 대량 검출되었습니다. 이들 유기물은 어룡 윤곽이 나타나지 않는 다른 부분에는 전혀 존재하지 않았습니다. 다른 부분에는 포시도니아 혈암 성분인 칼슘, 인, 황화물만 있었습니다.

이런 성분의 차이가 어룡의 유해를 씻을 때 물이 스며드는 방식의 차이로 나타나, 보통이라면 벌써 없어졌을 윤곽이 떠오르게 됩니다. 헤러 교수가 검출한 각종 아미노산은 어룡의 피부나 근육의 분해산물로 생각하여도 좋을 것입니다.

최근의 고고학 세계에서도 흙 속에서 파낸 석관이나 독의 내용물을 화학 분석하여, 인체 지방의 분해산물이 대량 검출되면 거기에 사체가 들어 있던 것을 증명하는 수단이 되고 있습니다. 그러므로 비록 유골이 독 안에 보존되어 있지 않아도 독이 무엇에 사용되었는가 정확하게 알 수 있습니다.

다시 어룡의 얘기로 돌아갑시다. 윤곽을 따라 관절로 연결된 완전한 어룡의 골격이 남아 있는 것은 어룡의 사후 변화가 천천히 진행된 것을 나타내고 있습니다.

어룡 화석이 많이 나는 포시도니아 혈암층이 전체적으로 검은 빛을 띠고 있는 것은 1억 8천만 년 전 그 해역에 대량의 황화물이 존재하고 있던 것을 나타내고 있습니다. 황화물의 화학 반응 때문에 수중의 산소가 완전히 소비되어 산소 결핍 상태로 된 호수에 빠져 든 어룡이 차례차례 질식사하였을 것입니다.

그것은 무서운 죽음의 바다였기 때문에 어룡의 시체에 박테리아가 번식하기 어려워서 부패되지 않고 시랍화(屍蠟化)하였을 것입니다. 시랍화란 몸의 지방 성분이 분해하여 점차 비누같이 되고 마는 것을 말합니다.

어룡의 화석 중에는 추골이 산산이 흩어져 있는 것, 머리뼈만 있는 것 등 보존 상태에 여러 차이를 볼 수 있습니다.

어째서 그런 차이가 나는가 생각해 보아야 합니다. 머리뼈만 남

부패한 어룡의 본체에서 떨어진 머리. 커다란 돌기는 없어졌다. 전체 크기는 30cm 미만

모로코의 백악기층에서 나온 기분 나쁜 오돈타스피스(상어의 일종) 무리의 이 (크기는 길이 5~6cm)

은 것은 부패한 사체가 파도에 떠다니다가 무거운 머리가 먼저 떨어져 나와, 결합섬유에 간신히 매달려 아래쪽으로 늘어져 있다가 더 부패되고, 파도에 휩쓸려 먼저 떨어져 나와 바다 밑에 가라앉은 것입니다.

어룡의 사체는 표류 중에 파도의 물리적 파괴뿐 아니고, 육식성 어룡에게 부드러운 배나 지느러미 앞 부분을 덥석덥석 물어뜯겨 먹히고 나서 바다에 가라앉든가 얕은 여울로 밀려갔을 것입니다.

홀츠마덴에서 나오는 레피도테스(*Lepidotes*)라는 경린어는 길이가 1미터 가까우므로 당시로서는 대어에 속하였습니다. 경린어는

백악기 후기의 수장룡 히드로테로사우르스. 전체 길이 13m 정도
(S. P. 웰스)*27)

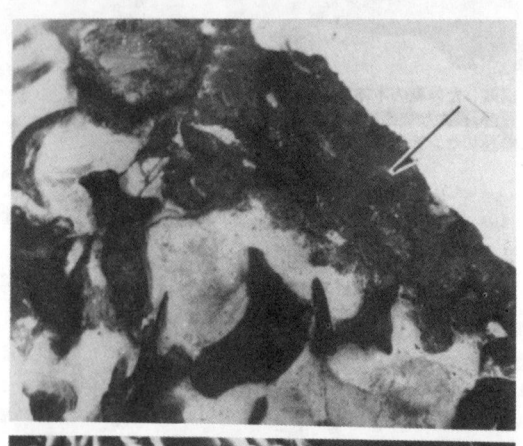

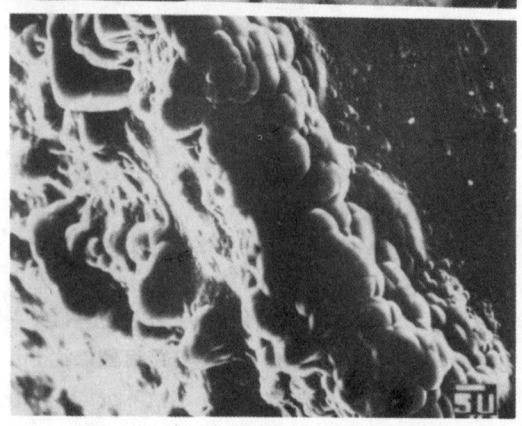

영국의 도세트산 어룡의 화석. 피부가 흑갈색 타르상 물질로 변하
였다.(화살표) 아래는 그에 대한 전자 현미경 사진(U는 미크론)

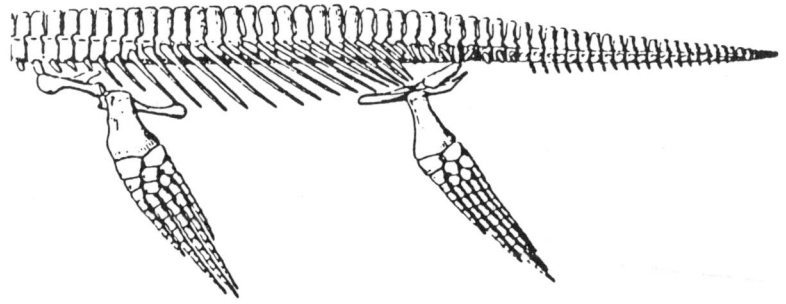

살아 있을 때 어룡의 먹이가 되었으나 어룡이 죽으면 주객이 전도되어 경린어가 어룡을 바로 뜯어먹었습니다. 훌륭한 레피도테스의 화석은 비싸게 팔리므로 특별히 맞춘 강철제 공구로 딱딱한 바위 속에서 정성들여 파냅니다.

백악기에 급속히 세력을 확장한 상어의 대군에게 습격받아 전신에 상처투성이가 되어 해변에 올라가 숨이 끊긴 어룡도 있을 것입니다.

일본산 수장룡 후타바스즈키〔Futabasuzuki Ryu(Plesiosaurus의 일종)〕룡의 골격 주위에서 80개 이상이나 되는 크레톨람나(Cretolamna)라는 상어의 날카로운 이가 발견되었습니다. 그 중에는 지느러미에 박힌 채로도 있었습니다.

후타바스즈키룡은 상어에게 습격받고 여울에 밀려와 죽었을 것입니다. 사체 주위에 있던 상어 이는 수장룡이 상어와 함께 죽은 것이 아니고 몸에 깊이 파고 든 이가 그대로 남은 것입니다.

이런 일은 어룡이나 수장룡뿐 아니고 현재도 '바다의 갱'인 흰줄박이돌고래에게 습격받은 고래에게서도 자주 보는 현상입니다.

해변에 밀려온 어룡의 사체는 뜨거운 태양열을 받아 지독한 썩은 냄새를 풍겼을 것입니다. 그리고, 어룡 사체에서 스며나오는 거무칙칙한 타르상 기름이 모래에 스며들지 않았을까요. 앞서 얘기한 어룡의 사체가 들어 있는 포시도니아 혈암이 검은색을 띠고 있는 것은 어룡 기름이 스며들어서 그렇게 된 것은 아닙니다. 어디까지나 바다 밑에 쌓인 황화물에 의한 것입니다. 어룡의 피부나 근육, 내장의 분해산물로 되어 있는 기름이 스며들어간 모래는 그 후 모래 진흙이 두껍게 덮여 밀폐되었을 것입니다. 필자는 그 상태를 나타내는 영국의 도세트산 어룡에 대해 조사한 일이 있습니다.

피부나 지방 조직이 있던 부분은 광택 있는 구상(球狀) 물질로 변화되었고 전에 그 곳에 타르상의 기름이 고여 있던 것을 나타내고 있었습니다.

40. 장폐색을 일으킨 어룡

벨렘니테스를 덥석 무는 어룡

독일의 홀츠마덴산 어룡 중에는 위 부분에 벨렘니테스(*Belemnites*)라는 당시의 오징어 다리 표면에 있던 수 밀리미터 길이의 낚싯바늘같이 생긴 키틴(chitin)질의 갈고리와 포탄형의 갑(甲 ; 현재의 갑오징어류의 갑에 상당)이 다수 남아 있는 화석이 있습니다.

당시, 어룡은 벨렘니테스를 잡아먹고 있었을까요? 극단적으론 겨우 1미터 될까 말까 한 어룡 체내에 무려 47만 8천 개나 되는 벨렘니테스의 갈고리가 들어 있는 것도 있습니다.

벨렘니테스의 갈고리를 바탕으로 계산하면 놀랍게도 어룡 한 마리가 약 1590마리나 되는 벨렘니테스를 잡아먹은 것이 됩니다. 어룡 시대에 바다에 번식하고 있던 벨렘니테스는 현재의 오징어와 마찬가지로 번식기에는 광대한 해면을 채울 정도의 큰 무리로 모여 화려한 결혼 무도회를 열었을 것입니다.

어룡은 그런 벨렘니테스의 커다란 무리 속으로 돌입하여 닥치는 대로 삼켰을 것입니다. 아마 벨렘니테스의 큰 갑은 뱉어내고, 작은 갈고리는 소화관에 차여 장폐색(腸閉塞)으로 고통스럽게 죽었을

벨렘니테스의 몸 안에 있는 포탄형 껍질. 길이 10cm 미만, 굵기 15cm 정도

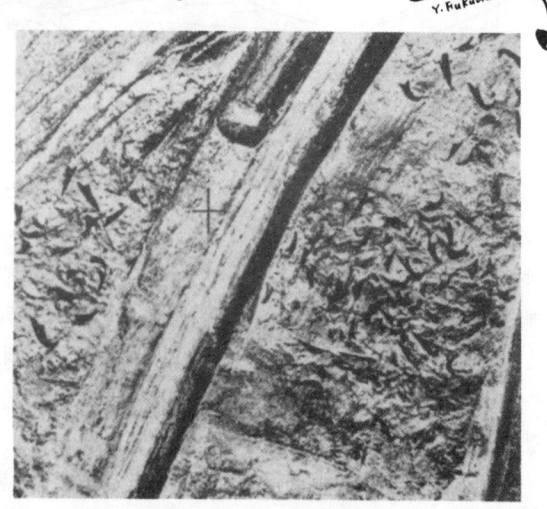

장폐색을 일으킨 어룡 몸에 남아 있던 벨렘니테스의 날카로운 갈고리(W. 브란카) [27]

40. 장폐색을 일으킨 어룡   233

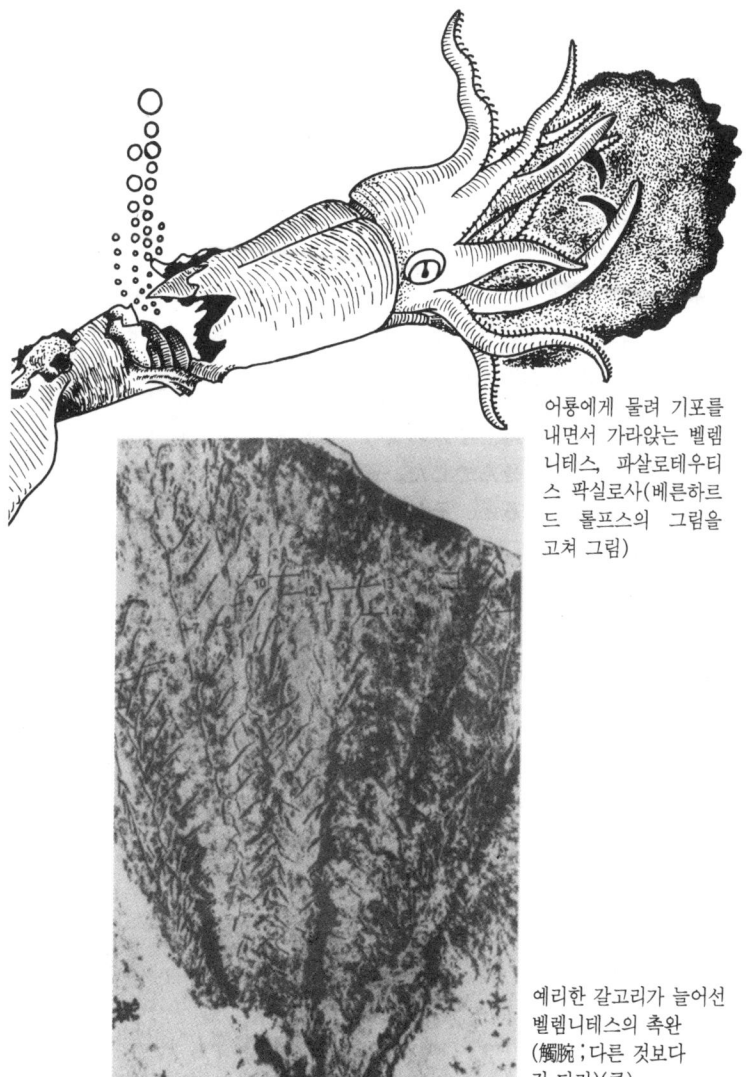

어룡에게 물려 기포를 내면서 가라앉는 벨렘니테스, 파살로테우티스 팍실로사(베른하르드 롤프스의 그림을 고쳐 그림)

예리한 갈고리가 늘어선 벨렘니테스의 촉완(觸腕 ; 다른 것보다 긴 다리)(쿤)

것입니다. 어째서 그런 일이 일어났을까요.

낚싯바늘같이 예리하게 굽은 갈고리는 어룡의 부드러운 소화관 점막 표면을 찌르고 들어가, 토해내고 싶어도 토해지지 못했을 것입니다. 결국 그것이 장폐색을 일으킨 원인일 것입니다.

훌륭한 고생물학자였던 베른하르트 하우프의 아들 롤프 씨는 어룡에게 몸의 일부를 물려 먹물을 품어 내면서 바다 밑으로 가라앉는 불쌍한 벨렘니테스, 파살로테우티스 팍실로사(*Passaloteuthis paxillosa*)를 실감나게 그렸습니다. 그 모양은 '우주 공간을 표류하는 수수께끼 비행물체의 잔해'(우주인이 타고 있었는지도 모름)라는 느낌입니다.

어룡은 출현 당초부터 오징어 같은 두족류(頭足類)를 상식(常食)하고 있던 것은 아닙니다. 두족류가 증가하고, 회유 시기가 되자 먹은 데 지나지 않습니다.

어룡은 당시의 바다에 살고 있던 어류도 왕성하게 먹고 있었습니다. 두족류만 편식하여서는 거의 2억 년에 달하는 중생대 전 기간을 도저히 살아갈 수 없었을 것입니다.

41. 새끼를 낳았던 어룡

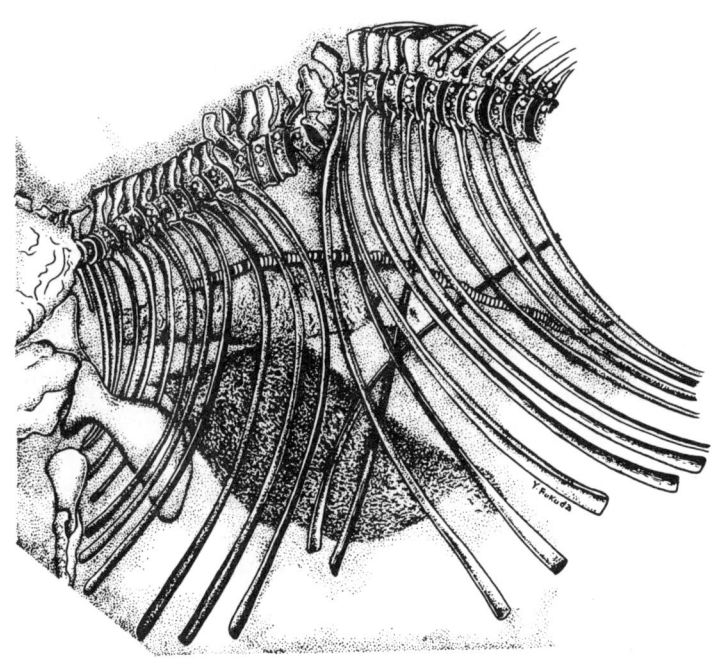

홀츠마덴산 수컷 어룡의 몸 안에 남아 있던 태아의 골격. 아래 검은 덩어리는 위(胃)의 소화되지 않은 먹이(크루텐의 그림을 고쳐 그림)

세계 각지의 쥐라기나 백악기층에서 나온 알의 화석을 통해 육상의 공룡은 조류와 같이 알을 낳아 번식한 것으로 밝혀졌습니다.

그러나 대량의 어룡의 유해를 함유한 독일이나 영국의 쥐라기층에서는 알의 흔적이 전혀 발견되지 않기 때문에 어룡은 도대체

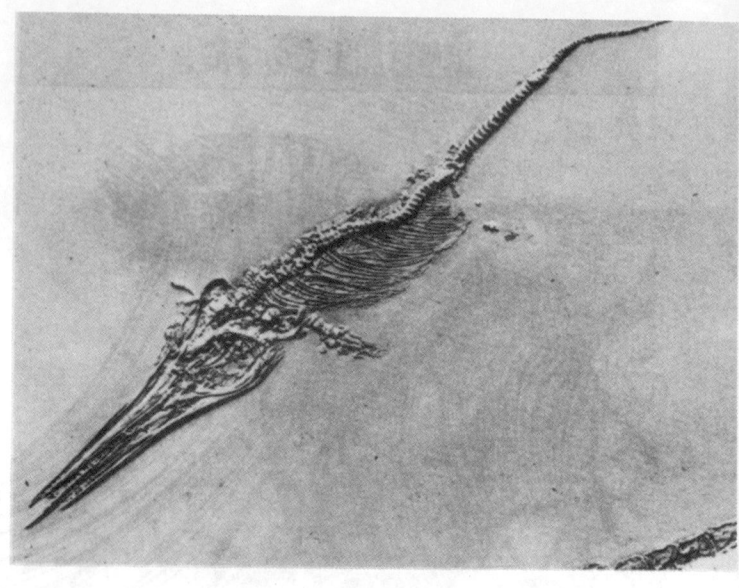

갓 태어난 어룡 새끼. 길이 1m 미만 (베른하르트하우프 박물관 출판물) *30)

어떻게 번식했는가 오랫동안 수수께끼였습니다.

어룡에 매료된 베른하르트 하우프 씨는 다시 커다란 발견을 하였습니다. 즉 체내에 태아의 유해를 가진 어룡을 발견한 것입니다. 어룡은 서이리안 근해에 사는 가시바다뱀이나 육상의 살무사와 같이 새끼를 낳은 것(태생)으로 밝혀졌습니다.

그러나, 이 발견이 학자들에게 바로 승인된 것은 아니었습니다. 그것은 잔인하기 그지없는 어룡이 갓 태어난 새끼를 잡아먹은 것이 틀림없다는 얘기가 있었기 때문입니다. 그러나 어룡의 체내에 존재하는 태아의 유해는 가늘고 부러지기 쉬운 골격이 완전히 남아 있어서 예리한 이로 씹혔던 흔적이 없습니다. 또 아래쪽 위(胃)

의 내용물과 뚜렷이 구별되고 뼈가 소화액으로 일부 녹은 화학적 부식의 흔적이 보이지 않았기 때문에 먹이로서 먹은 것이라는 의견은 물리쳐졌습니다.

이런 표본이야말로 1억 엔 가까운 돈을 내서라도 사야 합니다. 암어룡은 5~6마리의 태아를 몸에 가지고 있었고, 이미 크기의 10분의 1에 달하는 1미터 정도의 크기까지 어미가 돌본 것으로 생각됩니다.

어미 어룡은 자궁과 닮은 기관을 갖고 있었을 것입니다. 체외로 나온 어룡의 새끼는 한참 동안 어미와 같이 행동하며 먹이 잡는 방법을 배웠다고 생각하면 꿈과 낭만이 있지 않습니까.

42. 일본에서 발견된 세계 최초의 어룡

지금으로부터 16년 전 늦더위가 찌는 듯한 9월 초순, 미야기현 (宮城縣) 모토요시군(本吉郡) 우다쓰정(歌津町) 해안에서 지질 조사를 하고 있던 현 구마모토(能本) 대학 이학부 무라타(村田正文) 교수 일행은 척추뼈, 늑골, 이가 붙은 아래턱뼈 등이 파도치는 검은 바위 위에 산재하고 있는 것을 보고 발길을 멈추었습니다.

그 해도 다 갔을 때, 다시 자세히 조사하여 화석뼈를 함유한 합계 50개 이상의 바윗덩이를 도호쿠 대학 이학부 지질 고생물학 교실로 운반하여 연결하여 보니 거의 완전한 어룡의 모습이 나타났습니다.

어룡은 겉모습이 현재의 돌고래와 비슷하며, 청새치같이 튀어나온 주둥이 안쪽에 200개 이상이나 되는 예리한 원뿔형 이가 빈틈없이 늘어서 있었습니다. 지금까지 보고되어 있는 어룡은 가장 오래된 것도 트라이아스기 중기 이후의 것입니다. 우다쓰 해안의 것은 그보다 오래된 트라이아스기 초기의 지층에서 나왔기 때문에 문자 그대로 세계에서 가장 오래된 어룡입니다. 이름은 산지의 이름을 빌어 우다쓰 어룡이라고 하게 되었습니다.

길이는 1미터 미만의 소형종입니다. 앞지느러미뼈는 육상 동물과 가까워서 어룡의 진화를 연구하는 데 귀중한 자료가 되고 있습니다.

당시의 바다는 암모나이트, 벨렘니테스, 각종 조개류, 완족 동물 (腕足動物), 경린어 등의 동물 떼들이 가득 차 있었습니다. 필자는 학회에서 돌아가는 길에 도호쿠 대학 이학부 지질 고생물 교실의 표본 중에서 우다쓰 어룡을 본 일이 있습니다. 솔직하게 말하면 당

42. 일본에서 발견된 세계 최초의 어룡

물고기를 잡아먹는 우다쓰 어룡의 복원도

지느러미 부분에 육상 동물의 특징을 남긴
우다쓰 어룡의 골격

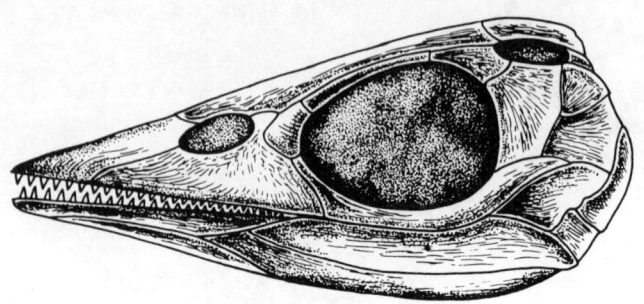

우다쓰 어룡이 발견되기까지 세계 최초의 어룡 자리를 점하고 있던 그릿피아 론기로스토리스의 두골. 표본은 스피츠베르겐의 트라이아스 중기산(産) (A. S. 로마의 그림을 고쳐 그림)

시의 기분은 일본에서 이렇게 훌륭한 어룡의 화석이 나오는가 하는 소박한 놀라움과 필자가 첫번째 발견자였다면 얼마나 멋있었겠느냐 하는 강한 선망에 차 있었습니다.

왜 그때 하필이면 카메라를 안 가지고 갔었는가 지금도 후회됩니다. 최근 우다쓰 어룡이 나온 곳 가까이에서 다른 종으로 생각되는, 몸 길이가 긴 오가쓰 어룡이 발견되었습니다. 일본의 어룡 연구는 앞으로 점점 더 발전할 것입니다.

43. 어룡의 진화

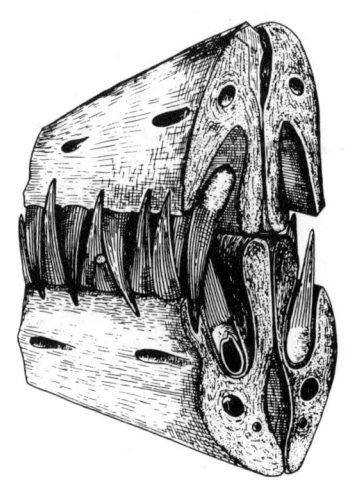

어룡 턱의 단면
(F. A. 퀸스테트의 그림을
고쳐 그림)

어룡의 선조는 도대체 어떤 동물이었는가. 아직도 세계의 고생물학자들 머리를 아프게 하는 문제입니다. 그것은 어룡의 출현이 너무 갑작스러운 데 있습니다. 세계에서 가장 오래된 어룡이 모습을 나타낸 트라이아스기 초기는 파충류가 드디어 육상에서 걸어다니기 시작한 때입니다.

우다쓰 어룡의 앞지느러미가 육상 동물의 자취를 남기고 있고, 이 표면에 보이는 무수한 세로 선은 고생대 후기(석탄기)에 출현한 배룡류(杯龍類; *Cotylosaurus*)와 유사한 점 등으로부터 어룡의 선조는 특수화한 배룡류가 다시 물로 돌아갔다고 생각되고 있습니다.

영국의 도세트나 독일의 홀츠마덴의 쥐라기 전기의 해성층에서는 어룡의 턱에서 빠져나온 어른 엄지손가락만한 날카로운 원뿔형

홀츠마덴산 어룡의 턱뼈. 이 하나의 크기는 어른 엄지손가락 크기. 이 표면에 밑으로 그어진 많은 홈이 있다

스테노프테리기우스의 한쌍 가슴지느러미. 이것은 다리가 변화한 것이다(베른하르트 하우프 박물관 출판물)*30)

이가 굴러 다닙니다.

그것은 어룡이 주기적으로 이갈이를 했기 때문입니다. 필자는 전에 어룡의 이 일부를 전자 현미경으로 관찰한 일이 있습니다.

이 표면을 덮은 미끈미끈한 에나멜 층은 의외로 얇았습니다. 고생대 후기부터 중생대 초기에 걸쳐 육상의 습지대를 어슬렁거리며 돌아다니고 있었던 둔중한 미치류(迷齒類; 양생류에 속하며 *Eryops*가 유명)는 습지대에 풀 밑에 숨어 있는 곤충이나 대형의 지네 같은 절지 동물을 영양원으로 한 것 같습니다.

어룡은 처음부터 현재의 돌고래같이 스마트한 모습을 하고 있던

43. 어룡의 진화 243

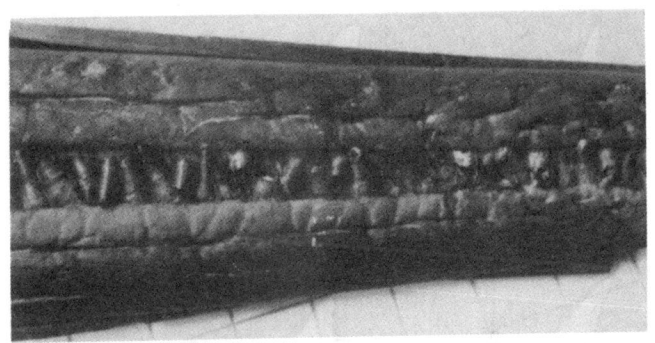

영국의 도세트(쥐라기)산 어룡의 콧등돌기.
전체 길이 40cm 정도

어룡 이의 에나멜질 표면의 세로로 파진 홈.
이는 배룡류의 자취로 생각되고 있다 (U는
미크론)

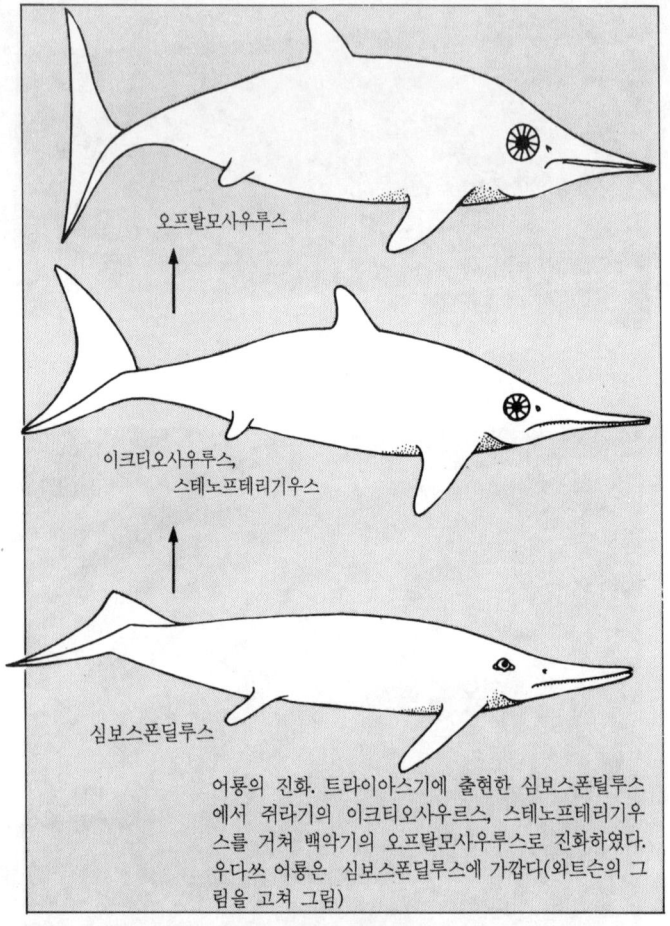

어룡의 진화. 트라이아스기에 출현한 심보스폰틸루스에서 쥐라기의 이크티오사우르스, 스테노프테리기우스를 거쳐 백악기의 오프탈모사우루스로 진화하였다. 우다쓰 어룡은 심보스폰딜루스에 가깝다(와트슨의 그림을 고쳐 그림)

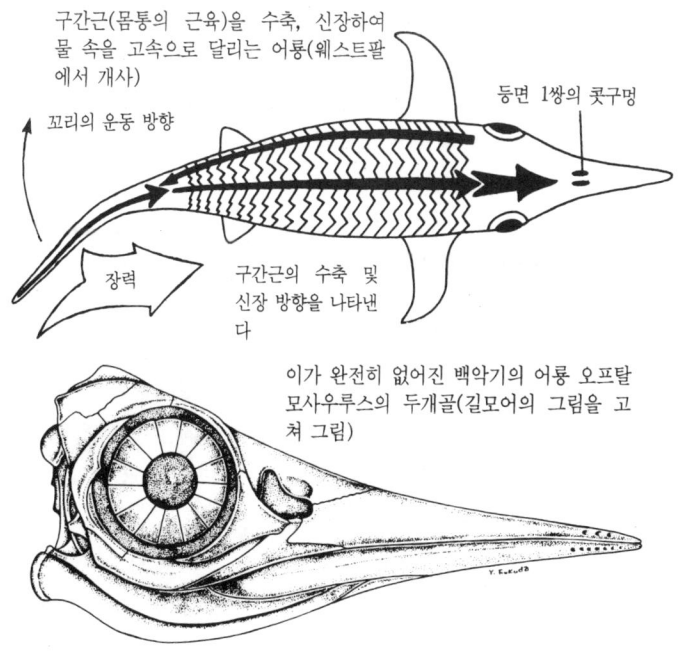

것은 아닙니다.

트라이아스기의 심보스폰딜루스(*Cymbospondylus*)라는 어룡은 위아래가 비대칭인 상어 같은 수직 꼬리를 가졌고, 등지느러미는 아직 형성되어 있지 않았습니다. 그것은 일본에서 발견된 우다쓰 어룡도 마찬가지였을 것으로 생각됩니다.

배룡류에서 갓 분화한 초기의 어룡은 담수가 섞인 강어귀 부근에서 생활한 것 같습니다. 그 때부터 새끼를 낳았는지 어떤지에 대해서는 크게 의문이 갑니다. 강어귀 부근의 모래에 알을 낳았는지도 모릅니다.

다음 쥐라기에 들어서자 꼬리지느러미는 위아래로 대칭이 되고, 멋있는 삼각형 등지느러미가 출현하여 형태가 완성되자 어룡은 근해로 생활권을 확대한 것으로 생각됩니다. 그리고 수중 생활에 완전히 적응하였을 때 새끼분만(胎生)이라는 우수한 번식법을 획득하였을 것입니다.

백악기에 들어서 오프탈모사우루스(*Ophthalmosaurus*)같이 이가 완전히 없어진 어룡이 나왔습니다. 오프탈모사우루스는 먹이를 통째로 삼켰을 것입니다. 예리한 원뿔형 이가 절구 같은 모양으로 변하여 조개류나 갑각류의 딱딱한 껍질을 으드득으드득 깨물어 먹도록 적응한 점도 식성 변화를 나타내는 증거가 됩니다.

이 현상은 후에 출현한 흉포한 바다도마뱀룡에도 나타납니다. 어룡은 백악기에 들어서자 급속히 쇠퇴하기 시작하여 백악기가 끝나기 전에 모습을 완전히 감추었습니다.

44. 데도리룡의 고향

규화목으로 변한 거대한 제노자일론의 줄기. 지름 1m 이상이다 (이시카와현, 고마츠시 박물관 전시 표본)

피에 굶주린 육식성 대형 공룡이 먹이를 구해 땅 위를 헤메고 있을 때, 일본의 육지는 도대체 어떤 모습이었을까요.

그것을 알기 위해서는 당시의 대표적인 식물화석 산지인 데도리천(手取川) 유역을 살펴보는 것이 좋습니다.

오래된 호쿠리쿠(北陸)의 성하정(城下町 ; 성을 둘러싼 도시) 가나자와(金沢)에서 남쪽으로 70킬로미터 떨어진 곳에 하쿠산(白山) 화산대가 있습니다.

이 화산대를 대표하는 하쿠산은 표고 약 2700미터로, 한여름에도 정상 부근에 새하얀 눈의 계곡을 볼 수 있으며, 그 위용은 주위의 산들을 압도하고 있습니다. 하쿠산 일대는 영양이나 곰, 날다람쥐 등 야생 동물의 낙원입니다.

하쿠산에서 시작되는 데도리강 상류에 중생대의 식물 화석 산지로서 세계적으로 유명한 시라미네촌(白峰村) 구와지마(桑島)가 있습니다. 고요한 깊은 산 속에 어깨를 맞댄 듯이 가끔 민가가 있는 구와지마가 어째서 그렇게 유명하게 되었을까요. 그것은 지금부터 약 100년 전 여름으로 되돌아가야 합니다. 그 해 여름, 독일의 지질학자 라인 박사가 하쿠산에 올랐다가 돌아가는 도중 시라미네촌 구와지마에 이르렀을 때, 데도리천의 오른쪽 절벽에서 무너져 내린 바위 속에 그럴 듯한 식물 화석이 잔뜩 들어 있는 것을 보았습니다.

라인 박사는 그 식물 화석을 가져갈 만치 주워서 고생물학의 대가인 친구 가일러 박사에게 감정을 의뢰하였습니다.

가일러 박사는 그들 화석으로 「일본 중생대의 쥐라기 식물 화석」이라는 제목으로 논문을 써서 일본의 식물 화석을 세계 무대에 처음 등장시켰습니다. 라인 박사와 가일러 박사는 일본 고생물학의 개척자로서 위대한 공헌을 한 것입니다.

라인 박사가 구와지마에서 처음 식물 화석을 채집한 장소는 뒤에 '화석벽'이라고 이름 붙여지고, 가까이에 그의 공적을 기리는 비가 서 있습니다. 그러나 유감스럽게도 화석벽의 상당 부분이 데도리댐의 완성으로 수몰하고 말아, 그 전모를 알 수 없게 되었습니다.

그래도, 구와지마의 화석벽이 수몰하기 전에 학술적으로 공헌한 데도리 식물군을 될 수 있는 한 기록하여 놓으려고 일본의 저명한 고생물학자들이 조사단을 조직하였습니다. 그 결과, 화석벽에 함유된 식물군은 지금부터 1억 4천만 년~1억 5천만 년 전의 쥐라기 후기의 것이라는 지금까지의 설이 정정되었습니다.

지금은 구와지마의 화석벽은 쥐라기 후기에서 백악기 초기의 두 시대에 걸쳐 형성되었다는 것이 통설입니다.

화석벽에서 30분 정도 걸으면 데도리천의 강가 들판이 나옵니다. 들판을 덮다시피한 커다란 속돌 속에 조개 화석이 잔뜩 들어

44. 데도리룡의 고향

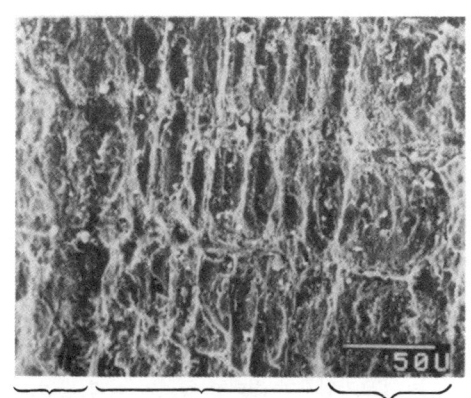

1억 수천만 년 전, 태고의 데도리 호수 주변에 생육하고 있던 제노자일론(데도리젖꼭지나무로 생각된다). 목질부에 나타난 사계절의 증거. 춘재 부분에서 세포는 대형화하고 가을에서 겨울에 걸친 추재 부분에서는 작고 치밀하다(U는 미크론)

춘재(春材) 추재(秋材) 춘재

데도리재첩의 화석을 함유한 자갈. 화살표는 다슬기 껍질. 目이라는 한자와 닮았다. 자갈의 크기는 20cm~30cm정도

있는 것이 있습니다. 이 조개 화석은 데도리재첩이라고 이름 붙여졌습니다. 현재 일본 각지의 호소에서 볼 수 있는 재첩(가막조개)과 거의 같습니다.

데도리재첩 화석은 후쿠이(福井), 기후(岐阜), 이시가와(石川), 도야마(富山) 각 현에 널리 분포하고 있기 때문에 그곳에 현재의 비와호(琵琶湖)의 10배 이상 달하는 거대한 호수가 존재하고 있었던 증거가 됩니다.

그들 지방에서는 데도리재첩이 들어 있는 작은 돌을 쓰메이시(爪石)라고 하며, 절임돌로 사용하고 있다고 합니다. 태고의 데도리 호수에서 작은 거북이의 등껍질이 발견되었으나 어류의 유해는 아직 발견되지 않았습니다. 데도리 호수의 주변에는 양치나 소철, 은행나무, 데도리 젖꼭지나무, 라인 나한송, 닐소니아(Nilssonia), 속새 등이 무성하였습니다.

'소속 불명의 나무 화석'이라는 의미의 제노자일론(Xenoxylon)은 데도리 젖꼭지나무의 줄기였을 가능성이 있습니다. 규화목(珪化木)화한 지름 1미터도 넘는 제노자일론의 거대한 줄기가 여럿 발견되어서 당시 여기에 대삼림이 형성되었던 것을 전해 주고 있습니다.

필자는 데도리산의 제노자일론 줄기 일부를 전자 현미경으로 조사한 일이 있습니다. 대형의 세포로 된 춘재(春材)와 소형의 치밀한 세포로 된 추재(秋材)를 구별할 수 있었습니다. 그것은 1억 년 전에 이미 사계절이 존재하고 있던 것을 나타내고 있습니다.

1966년 8월의 일입니다. 후쿠이현 아스와군(足羽郡) 미야마정(美山町) 가미신바시(上新稿)의 국도 옆에 노출되어 있는 쥐라기 후기의 데도리층에서 기타가와(北川俊一) 씨가 길이 7센티미터 정도의 도마뱀 화석을 발견하였습니다.

화석은 본체가 완전히 소실되어 인상만 남아 보존 상태가 매우 나빴습니다. 그것을 손에 넣은 요코하마(橫浜) 국립대학의 시카마(鹿間時夫) 교수는 고심하여 연구하여 신종의 도마뱀 테도로사우루스 아스바엔시스(Tedorosaurus aswaensis)라고 이름붙였습니다.

여러분은 모두 테도로사우루스라는 무서운 이름이 붙어 있기 때문에 공룡의 일종으로 생각하겠지요. 그러나 본 모습은 공룡과 전혀 다른 소형 도마뱀입니다.

44. 데도리룡의 고향 *251*

숲의 풀 사이에 숨어서
귀뚜라미를 포식하는
데도리룡〔시카마(鹿間)
의 그림을 고쳐 그림〕

그 도마뱀은 당시의 삼림지대의 풀 밑에 숨어 있던 귀뚜라미, 하루살이, 바퀴벌레 같은 곤충을 잡아먹으며 조용히 생활했을 것으로 생각되고 있습니다.

 최근, 이시카와현 구와지마의 화석벽에서 육식성 공룡 메갈로사우루스의 발자국 화석과 이 조각이 발견되었습니다.

45. 흉포한 바다도마뱀룡과 친절한 여대생

바다도마뱀룡 모사사우루스는 백악기 후기에 바다에 출현한 도마뱀입니다. 육지에 살고 있던 왕도마뱀이 먹이가 많은 바다에서 생활하게 되어, 길이가 10미터를 훨씬 넘는 것까지 출현하게 되었습니다. 벨기에의 에이노 주에서 발견된 에이노사우루스 베르나르디(*Einosaurus bernardi*)는 길이가 무려 13미터나 됩니다.

모사사우루스는 굵은 뱀같이 긴 몸과, 악어와 비슷한 꼬리, 지느러미로 변한 네 다리를 가지고 있었습니다. 다리뼈는 매우 짧아졌으나 아직 지느러미 내부에 5개의 발가락뼈가 있었습니다.

도마뱀형의 발가락뼈를 가진 초기의 바다도마뱀룡 클리다스테스(*Clidastes*)는 악어같이 습한 해안에 상륙할 수 있었을 것으로 생각됩니다. 플라토사우루스의 단계가 되자 완전하게 수중 생활에 적응하고 말아서 지느러미를 구성하는 가는 발가락뼈는 드디어 무거운 몸을 지탱하기 어렵게 되었습니다. 머리는 왕도마뱀의 모습을 남기고 있었으나 무서울 정도로 거대화하고 있습니다. 앞에서 말한 에이노사우루스 베르나르디의 머리 길이는 놀랍게도 3미터 가까이나 되었습니다.

위아래 턱에는 원뿔형 이가 빽빽이 들어차고 아래턱 중앙부에 경첩과 같은 구조가 있어서 입을 잔뜩 벌였을 때 턱뼈에 무리한 힘이 걸리지 않도록 되어 있었습니다. 일종의 용수철 같은 것입니다. 턱의 그런 구조는 육지의 왕도마뱀에게서 이어받은 것입니다.

한 쌍의 콧구멍은 눈의 앞쪽에 있었습니다. 추골은 육지 도마뱀에 가깝고, 어룡같이 추체(椎體 ; 등골뼈의 몸체가 되는 동글납작한 부분) 전후가 절구형으로 움푹 파인 것은 없습니다.

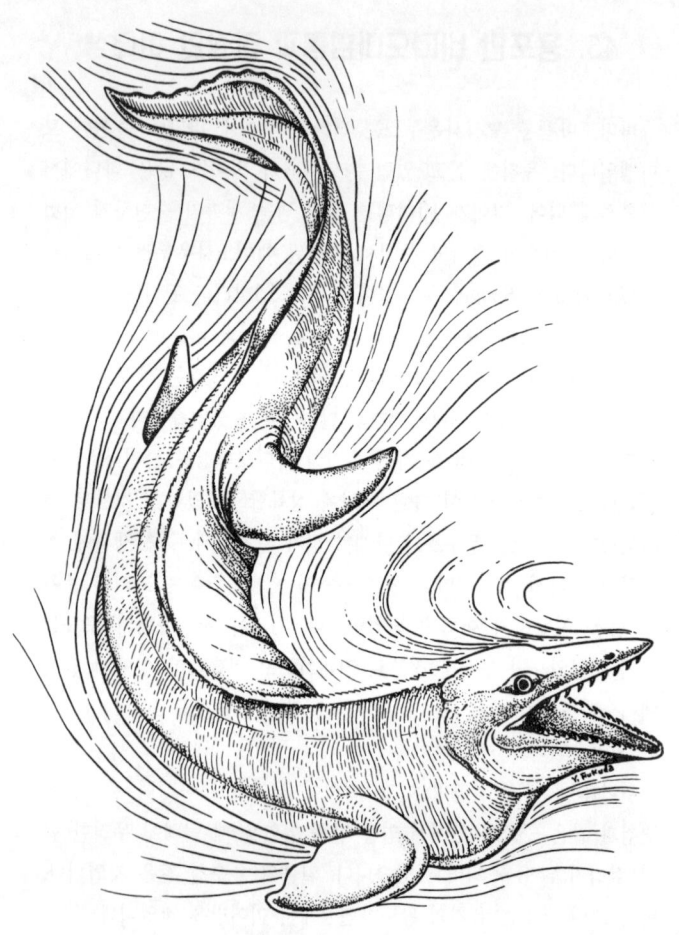

광포한 바다도마뱀룡
모사사우루스(루카스의
그림을 고쳐 그림)

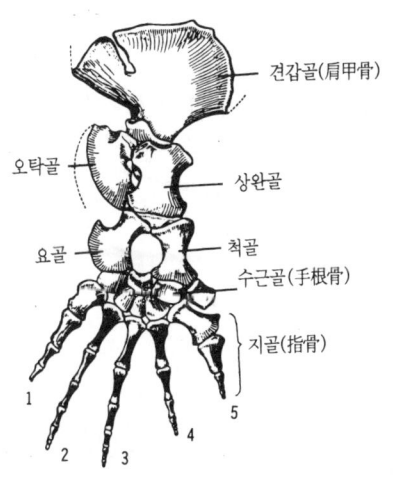

바다에 갓 내려간 바다도마뱀룡 클리다스테스의 지느러미(마슈)[27]

바닷속 생활에 완전히 적응한 바다도마뱀룡 플라토사우르스의 지느러미(캄프)[27]

그러나 뼈의 치밀골질이 얇아지고, 거의 해면골질로 덮여 있는 점은 어룡과 매우 비슷합니다. 수중 생활에 적응한 결과 중력에서 해방되어 튼튼한 뼈는 필요없게 되었을 것입니다. 몸 표면은 왕도마뱀같이 가는 비늘로 덮여 있었다고 생각됩니다.

미국의 고생물학자 카우프만과 케슬링 두 박사는 암모나이트 플라센티세라스(*Ammonite placenticeras*)의 껍질에 남아 있던 둥글고 기묘한 구멍의 배열에 주목하였습니다. 처음에는 화석을 바위 속에서 떼어 낼 때 생긴 흔적으로 생각하고 있었습니다. 카우프먼 박사는 "매우 거칠은 사람이군. 어째서 이렇게 화석에다 정을 박아 댔는가"라고 투덜거리며 플라센티세라스의 껍질을 조사해 가는 중

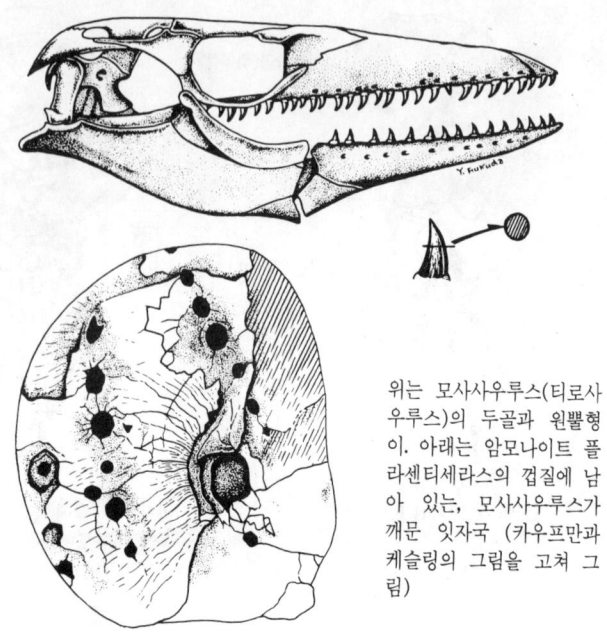

위는 모사사우루스(티로사우루스)의 두골과 원뿔형 이. 아래는 암모나이트 플라센티세라스의 껍질에 남아 있는, 모사사우루스가 깨문 잇자국 (카우프만과 케슬링의 그림을 고쳐 그림)

에, 구멍 속에 끼어 있는 진흙이 모암의 것과 똑같고 구멍이 규칙적으로 나 있어서, 금방 생긴 구멍이 아닌 것을 알게 되었습니다.

그래서 바다의 파충류 화석을 전문으로 연구하고 있는 케슬링 박사에게 응원을 청하였습니다. 케슬링 박사는 둥근 구멍의 배열을 주의 깊게 조사하여 무엇인가 거대한 파충류에게 깨물린 흔적이 아닌가 하였습니다. 그리고, 모사사우루스 턱의 화석을 암모나이트 플라센티세라스의 구멍 위에 올려놓아 보니 딱 들어맞는 것이 아니겠습니까.

드디어 암모나이트의 껍질을 깨문 흔적을 남긴 괴물의 정체가

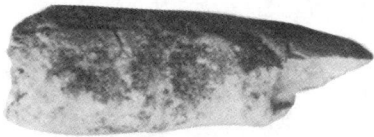

(왼쪽)모로코 백악기 후기의 지층에서 나온 모사사우루스 이의 화석. 크기는 길이 10cm 미만, 굵기 3.5cm 정도

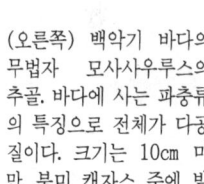

(오른쪽) 백악기 바다의 무법자 모사사우루스의 추골. 바다에 사는 파충류의 특징으로 전체가 다공질이다. 크기는 10cm 미만. 북미 캔자스 주에 발달한 니오프라라층산(産)

판명된 것입니다. 이 연구 성과가 발표되어 세계에 널리 알려지자 모사사우루스는 암모나이트를 상식하고 있었다고 판단하게 되었습니다.

그러나 그것은 어쩌다 운 나쁜 암모나이트가 모사사우루스에게 당한데 지나지 않았습니다. 당시 바다의 무법자 모사사우루스는 움직이는 것이면 아무것이나 물어댔던 것입니다.

모사사우루스의 먹이는 당시 바다에 크게 번식하고 있던 경골어류였습니다. 청어 무리인 크시파크티누스(*Xiphactinus*)는 몸길이가 무려 5미터 이상이나 되는 것으로 훌륭한 골격 표본이 캔자스 주 서부의 니오프라라(Nioprara) 층에서 발견되어 있습니다. 크시파크티누스 무리는 당시 일본에도 분포되어 있던 것 같습니다. 즉

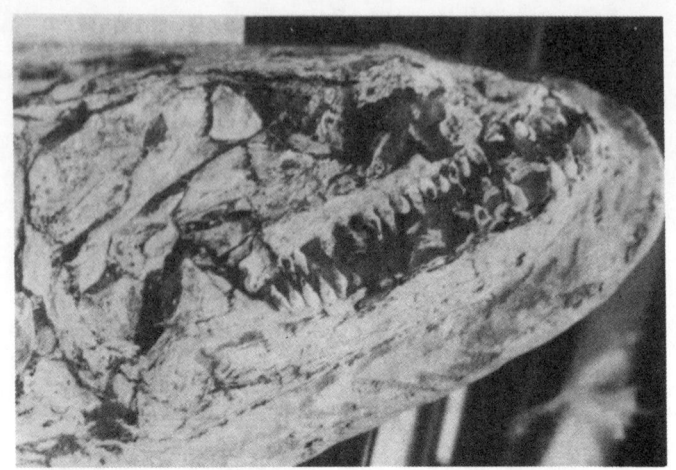

백악기의 바다에 번성하였던 아미아목의 경골어 에네루스 아우다쿠스의 머리

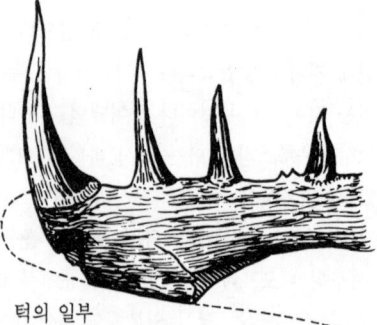

백악기에 번성한 디파크티누스 무리의 예리한 이. 이의 길이는 3cm 정도 (G. R. 케이스의 그림을 고쳐 그림)

턱의 일부

조개류와 갑각류의 딱딱한 껍질을 깨물어 부수는 데 적응한 맷돌 같은 이를 가진 바다도마뱀룡 글로비덴스 아라바마엔시스 (길모어의 그림을 고쳐 그림)

완만하게 굽은 예리한 이의 화석이 후쿠시마현(福島縣)의 백악기 후기 지층에서 발견되었습니다.

모사사우루스 무리인 글로비덴스(*Globidense*)는 예리한 원뿔형 이가 없어지고, 대신 혹같이 둥근 이를 갖게 되었습니다. 글로비덴스란 '육중한 튼튼한 이'라는 의미입니다. 틀림없이 굴이나 성게, 대형 새우 등의 딱딱한 석회질 껍질을 가진 동물을 잡아 튼튼한 이로 깨물어 먹었을 것입니다.

초기의 모사사우루스는 알을 낳기 위해 하천을 거슬러 올라갔다고 생각합니다. 그 후 바다 생활에 익숙해짐에 따라 어룡과 같이 새끼를 낳았는지도 모릅니다.

그러면, 흉포한 바다도마뱀룡 모사사우루스와 친절한 여대생이 도대체 어떤 관계가 있을까요. 독자 여러분은 틀림없이 무엇인가

에이노사우루스 베르나르디의 거대한 두개골. 급히 촬영하여서 핀트가 약간 안 맞는다

기묘한 관계가 있다고 생각하겠지요.

그를 설명하기 위해서는 1985년 여름 우에노(上野)의 국립 과학박물관에서 개최된 '이구아노돈 전시회'장으로 무대를 옮겨야 합니다.

필자는 '이구아노돈 전시회'였으므로 전시되고 있는 화석은 당연히 이구아노돈뿐일 것으로 생각하고 있었습니다. 그러나 2층의 특별 전시실에 거대한 바다도마뱀룡 모사사우루스의 굉장한 골격이 늘어서 있어서 이구아노돈이 무색하게 보였습니다.

그리고, 소름이 끼칠 정도로 무서운 에이노사우루스 베르나르디의 머리뼈를 보고 있노라니 어떻게 하든지 사진을 찍지 않으면 그대로 돌아갈 수 없는 기분이 되었습니다. 전시회장 여기저기에 '사진기 메모류 지참 금지'라는 종이가 붙어 있고, 위반자를 단속하는 감시원까지 배치되어 있었습니다.

 눈앞의 에이노사우루스 베르나르디의 감시원은 여름방학 아르바이트를 하고 있는 예쁜 여대생이었습니다. 그녀에게 "이 사진을 꼭 찍고 싶은데 어떻게 안될까요?"라고 간절히 부탁하였습니다. 그러자 "글쎄요. 제가 모르는 사이에 사진을 찍은 것으로 하면 될 거예요" 하며 자리를 떴습니다. 필자에게 사진 촬영의 기회를 준 여대생에게 지금도 감사하고 있습니다. 여기에 실린 사진은 그 때 촬영한 것입니다.

46. 낚시의 명수 타니스트로페우스

타니스트로페우스의 복원도
(R. 피에르의 그림을 고쳐
그림)

중생대 초기의 트라이아스기인, 약 2억 년 전의 바위가 이리둥굴 저리둥굴 굴러다니는 테디스 해의 해변에는 타니스트로페우스 (*Tanystrophaeus*)라는 괴물이 있었습니다. 몸길이는 4미터 남짓하지만 머리가 매우 길어서, 무려 3미터 이상이나 되었습니다.

머리를 지탱하고 있는 12개의 뼈는 하나가 30센티미터 정도이며 폭은 1.5센티미터로 매우 작고, 위아래 턱에는 바늘 같은 예리한 이가 꽉 차 있었습니다. 젊은 개체에는 예리한 이 외에 둘이나 셋의 돌기를 가진 가는 이를 가지고 있었습니다.

타니스트로페우스의 산산이 흩어진 뼈를 본 학자는 어떤 동물의 것인지 확실히 알 수 없었습니다. 그래서 익룡 무리로 취급 받은 적이 있습니다.

스위스 남부에 훌륭한 트라이아스기의 해양 생물 화석을 산출하는 테싱이라는 곳이 있습니다. 거기서 발견된 완전한 골격을 신츠를 비롯한 취리히 대학의 스태프가 X선을 촬영하여 얻은 사진을 바탕으로 드디어 전체 모습을 복원할 수 있었습니다.

X선 촬영은 화석이 들어 있는 바윗덩이를 여러 덩이로 나누어 찍어 마지막으로 한 장에 모으는 끈기가 필요합니다.

타니스트로페우스는 해안가에 웅크리고 앉아서 긴 머리를 해면에 늘이고 물고기를 보면 재빨리 물어서 잡았습니다. 그 때, 돌기를 가진 이는 입 안에서 날뛰는 물고기를 꼼짝 못하게 꽉 무는 데 크게 도움이 됩니다.

타니스트로페우스의 골격 복원도 (B. 페이어)[27]

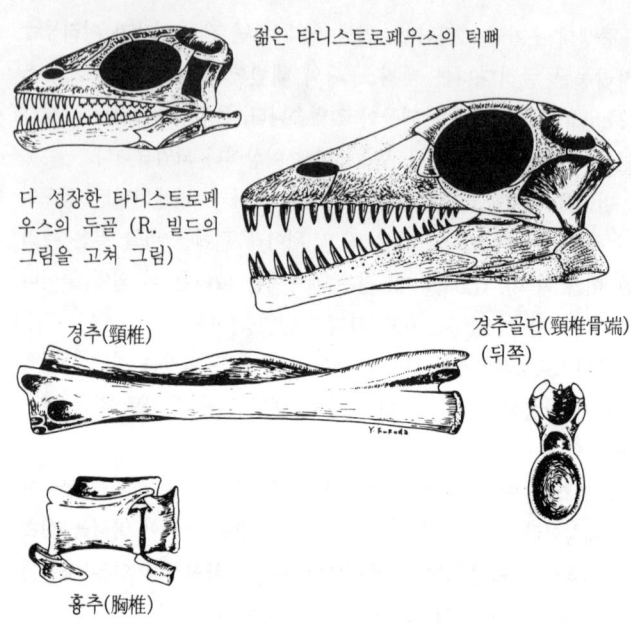

젊은 타니스트로페우스의 턱뼈

다 성장한 타니스트로페우스의 두골 (R. 빌드의 그림을 고쳐 그림)

경추(頸椎)

경추골단(頸椎骨端) (뒤쪽)

흉추(胸椎)

타니스트로페우스는 해안에서 한가로이 낚시질을 즐기는 우아한 도마뱀이라고 하여도 좋을 것입니다. 그러나 작은 입과 매우 길고 가는 목을 생각하면, 수면 가까이를 헤엄치는 작은 물고기 정도나 한번에 물어 삼킬 수 있었을 것으로 생각됩니다.

큰 물고기는 일단 육지에 끌어올린 후 시간을 두고, 가늘게 찢어 먹었을 것입니다. 삼킨 물고기는 고깃덩어리라고 하더라도 긴 식도를 통과해야 합니다. 만약 도중에 걸리기라도 한다면 질식사하게 됩니다.

그래서 근육이 잘 발달한 식도가 있어서, 우리가 동물 내장의 내용물을 손으로 훑어내리듯이 아래쪽으로 먹이를 계속 보낸 것으로

46. 낚시의 명수 타니스트로페우스

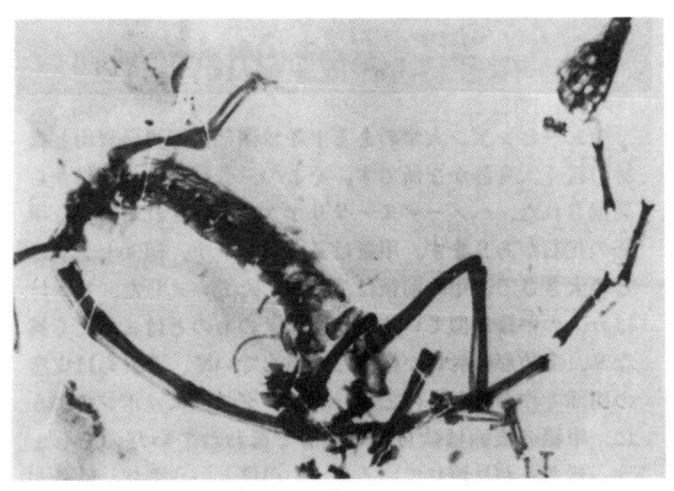

스위스 남부 테싱에 발달한 트라이아스기의 지층에서 나온
타니스트로페우스의 뢴트겐 사진(B. 페이어) *27)

생각됩니다.

 타니스트로페우스의 긴 목뼈로 볼 때, 목은 굴곡성이 좋지 않았다고 할 수 있습니다. 만약 낚싯대가 가는 관절로 되어 있으면 어떨까요. 사용 중에 흐물흐물 구부러져 낚시가 될 리 없다고 생각합니다.

 그런 점에서, 타니스트로페우스의 목은 탄력이 있는 대나무같기 때문에 낚싯대로서는 최적이었을 것입니다. 최근, 독일의 빌드 박사는 낚시의 명수 타니스트로페우스가 수장룡같이 물 속을 헤엄칠 수 있지 않았는가 생각하고 있습니다. 원시 육식성 공룡이 쫓아오면 물 속으로 뛰어들어 피했는지 모릅니다.

47. 거북을 닮기도 하고 닮지 않기도 한 헤노두스

튀빙겐 대학이 있는 독일 남부는 검은 바위산과 삼림이 계속되는 매우 조용한 곳입니다. 그곳 트라이아스 후기 지층에서 발굴된 헤노두스 켈리오프스(*Henodus chelyops*)라는 파충류의 기묘한 등껍질(갑각) 화석이 있습니다. 길이 50센티미터, 폭 90센티미터 정도 크기로서 앞뒤가 얇게 들어가 있습니다. 겉모양은 거북의 등껍질과 비슷하나 거북과는 전혀 달라서, 다각형 골편이 빽빽이 들어차 있습니다. 그것들은 피부 안에서 만들어진 것입니다. 헤노두스의 등껍질 표면은 자라같이 부드러운 피부로 덮여 있었을 것입니다. 여러분이 모두 잘 알고 있는 거북의 등껍질이란 늑골이 변화되어 이상하게 폭이 넓어지고, 거기에 껍질이 밀착하여 생긴 것입니다.

헤노두스의 납작한 등껍질 아래에 있는 척추뼈와 늑골은 지주 역할을 하고 있습니다. 등껍질을 만드는 골편은 중앙에서는 가로의 긴 육각형이지만 가장자리쪽으로 갈수록 점점 불규칙한 형이 됩니다.

헤노두스 몸의 가로 단면은 직사각형의 상자 같습니다. 등껍질을 만드는 골편은 스폰지같이 무수한 작은 칸이 있어서 매우 가볍게 되어 있습니다. 그러므로 등껍질의 무게로 안의 동물이 찌부러드는 일은 없습니다. 헤노두스의 등껍질은 제2차세계대전 중에 개발된 보병용 방탄 방패와 똑같습니다.

머리는 직사각형인데다 평평합니다. 작은 한 쌍의 콧구멍과 눈이 머리 앞쪽으로 나 있고, 이가 완전히 없어졌습니다. 머리와 긴 꼬리

47. 거북을 닮기도 하고 닮지 않기도 한 헤노두스

방탄방패와 같은 특별한 갑옷을
가진 헤노두스(J. 아우가스타와
브리안의 그림을 고쳐 그림)

는 등껍질 속으로 들어갈 수 없었습니다. 그 대신 표피에 울퉁불퉁한 것들이 분포하고 있었습니다. 헤노두스는 이런 등껍질로 원시적인 악어로부터 몸을 보호하였을 것입니다.

헤노두스는 바닷물이 약간 섞인 호소 같은 곳에서 생활하고 있던 것으로 생각됩니다. 아마 사각형 입을 말하는 듯이 움직여서 호소의 진흙 겉면 가까이 사는 새우나 조개, 작은 물고기들을 잡아 입으로 씹어 부수어 삼켰을 것입니다.

제2차세계대전이 끝나고 얼마 후, 튀빙겐 대학의 한 학생이 대학에서 걸어서 30분 정도 떨어진 곳인 고르다스바흐라는 곳의 작은 절벽에서 세 마리의 헤노두스 화석을 발견하였습니다. 그 소식

바닷속을 헤엄치는 플라코켈리스(차페의 그림을 고쳐 그림)

을 듣고 현장으로 달려간 휴네 교수는 학생과 함께 화석을 캐내었습니다.

그것은 휴네 교수가 제2차세계대전 전에 발견한 것과는 비교되지 못할 정도로 완전한 것이었습니다. 그리고, 휴네 교수를 기념하여 헤노두스 켈리오프스 휴네(*Henodus chelyops Huene*)라고 이름 붙여졌습니다. 이 헤노두스는 개펄 생활에 익숙해진 파충류였였습니다. 한편, 플라코켈리스(*Placochelys*)는 다음에 이야기하는 플라코두스(*Placodus*)와 마찬가지로 당시의 해안 가까이에서 조개류를 먹고 생활하고 있었습니다.

47. 거북을 닮기도 하고 닮지 않기도 한 헤노두스 *269*

플라코켈리스의 두골 아래면. 맷돌 같은 편평한 이가 특징적이다 (E. 쿤과 슈나이더) [27]

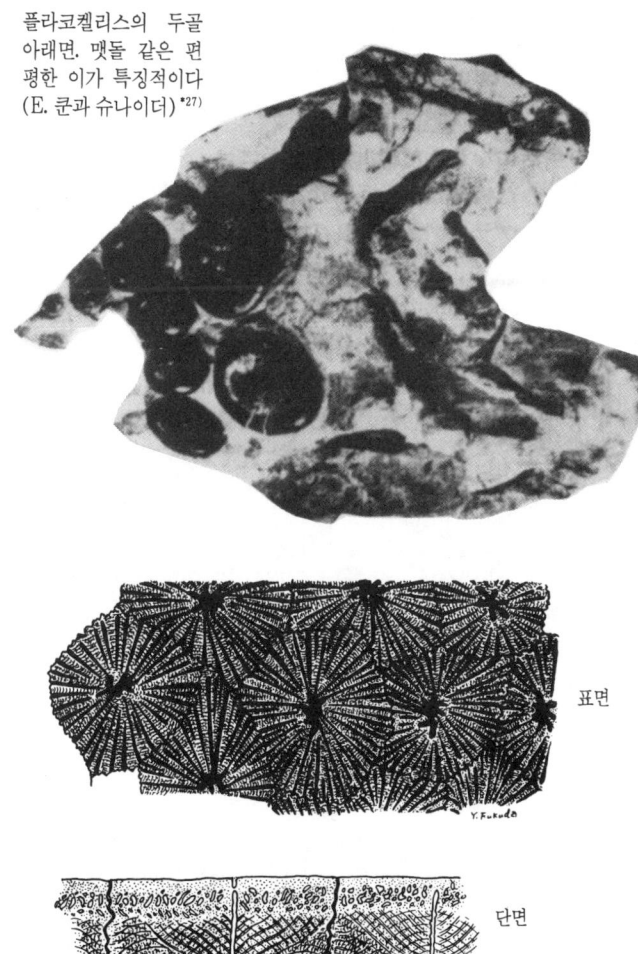

표면

단면

판치류 플라코켈리스 무리의 갑각(하스의 그림을 고쳐 그림)

플라코켈리스의 등껍질은 커다란 육각형에 가깝습니다. 작고 둥근 뼈조각이 모여서 된 것입니다. 등껍질의 골편은 스폰지와 같은 단면을 가지며, 헤노두스에 가까운 구조를 하고 있습니다. 등껍질의 길이는 80센티미터 정도입니다.

플라코켈리스는 앞니가 없고 거북과 같이 뾰족한 입을 하고 있으나 안에 절구 같은 5쌍의 이가 있어서 조개껍질을 깨물어 부수었을 것입니다. 그러나 4개의 다리는 모두 지느러미형으로 되어 있어서 유영 생활에 잘 적응하고 있었습니다.

48. 조개류를 먹고 살던 판치류

바다 생활에 익숙해진 파충류 중에는 트라이아스기 중간쯤에 모습을 나타낸 판치류(板齒類)라는 특수한 무리가 있었습니다. 그 중의 플라코두스는 몸길이 2미터 정도로 악어를 닮은 긴 꼬리는 물 속에서 자유자재로 움직일 수 있었습니다. 꼬리는 물 속으로 자맥질할 때 추진기로서 작용하였을 것입니다.

발톱을 가진 튼튼한 네 다리는 발가락 사이에 막 같은 물갈퀴가 있었습니다. 그리고, 내장은 체중에 의해 눌려 찌부러지지 않도록 바구니형의 늑골로 보호되어 있었기 때문에 네 다리를 사용하여 해안에 상륙할 수도 있었습니다. 번식기가 되면 현재의 바다거북과 같이 알을 낳으러 바닷가 모래밭에 올라갔는지도 모릅니다.

머리가 매우 짧았기 때문에 작은 머리는 마치 몸의 일부와 같이 보였습니다. 주둥이 앞으로는 세 쌍의 주걱 같은 이가 튀어나와 있었습니다. 입 안에는 6쌍의 절구 같은 이가 빽빽히 들어차서 조개류를 먹기 위해 잘 적응하고 있었습니다. 플라코두스라는 이름 자체가 '편평한 이'를 의미하고 있습니다. 플라코두스는 해안 가까이서 생활하고 있었습니다. 몸의 표면은 대형 비늘로 보호되어 있었을 것입니다.

꼬리를 흔들흔들하면서 바닷속으로 잠수하여 바위 표면에 붙어 있는 굴, 성게 및 모래 위에서 쉬고 있는 가리비 등을 발견하면 주걱 같은 앞니로 먹이를 물어 입 안으로 넣어 잘 발달한 턱근육과 절구 같은 이로 껍질을 산산이 깨물어 부수었을 것입니다. 그리고 껍질 조각은 뱉어 내고, 부드러운 속살만 위에서 소화시켰을 것입니다. 그리고 호흡을 위해 수면으로 올라왔을 것입니다. 플라코두스는 해녀 파충류 같은 존재였다고 생각합니다.

주걱형의 앞니는 모래 진흙 속에 몸을 숨기고 있는 조개류나 갑각류를 파낼 때 삽으로서 작용하였을 것입니다.

플라코두스의 기묘한 이는 정확한 소속이 정해지기까지 매우 긴

해저의 조개를 먹는 플라코두스
(L. B. 홀스테드의 그림을 고쳐 그림)

48. 조개류를 먹고 살던 판치류 273

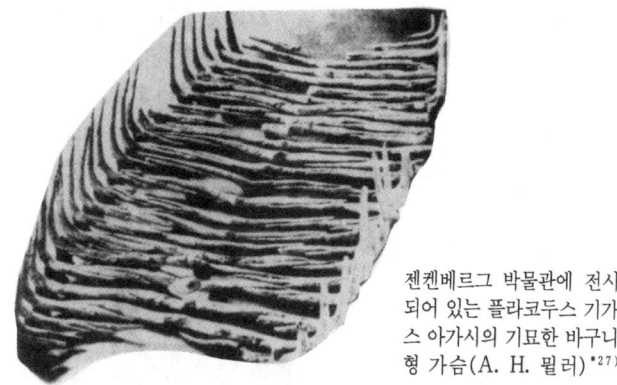

젠켄베르그 박물관에 전시되어 있는 플라코두스 기가스 아가시의 기묘한 바구니형 가슴(A. H. 뮐러) *27)

시간이 필요하였습니다. 1830년대에 독일 남부 바이에른의 트라이아스기 중기의 패각 석회암 중에서 나온 절구 같은 이는 당시 어류 화석의 대가로서 알려져 있던 루이스 아가시 박사에게 보내졌습니다.

플라코두스의 맷돌 같은 이를 처음 발견한 사람은 가오리의 이를 연상하였기 때문에 루이스 아가시 박사에게 감정을 의뢰하였습니다. 실제, 영국이나 홋카이도(北海道)의 백악기층에서 나오는 프티코두스(*Ptychodus*)라는 가오리의 어금니는 편평하고 무섭도록 튼튼한 맷돌같이 보입니다. 그러므로 전문가인 루이스 아가시 박사도 어류의 이에 틀림없다고 생각하였을 것입니다. 20세기에 들어 하이델베르크 가까이에서 맷돌 같은 이를 가진 완전한 플라코두스의 머리뼈를 파냈습니다. 페르디난트 브로일리 박사는 그 화석을 열심히 연구하여 드디어 파충류의 것으로 밝혀 판치류라는 새로운 목(目)이 분류되었습니다.

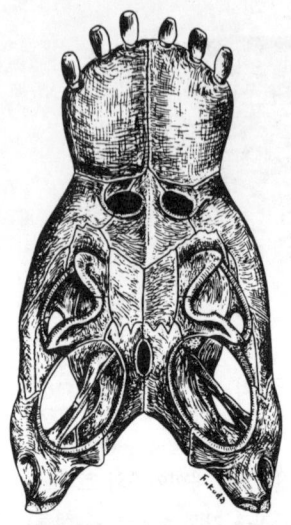

플라코두스 기가스 아가시의 두골 뒤쪽 (F. 브로일리의 그림을 고쳐 그림)

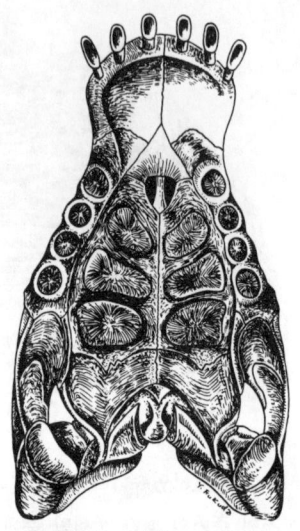

플라코두스 기가스 아가시의 두골 안쪽. 주걱형 앞니와 두꺼운 에나멜질로 덮인 튼튼한 치열이 특징 (F. 브로일리의 그림을 고쳐 그림)

두꺼운 에나멜질 표면에 '강판' 같은 날을 가진 백악기의 가오리 플라코두스의 이. 크기는 가로세로 4cm 정도

49. 털로 덮였던 익룡

 창공을 자유자재로 날아다니고 싶은 소망은 인간만 가졌던 것이 아니고 파충류도 갖고 있었습니다. 인간의 지혜는 기계를 사용하여 하늘을 날게 만들었습니다. 그러나 파충류는 자기 자신의 몸을 비행에 적합하도록 바꾸어야 했습니다.

 시조새로서 알려진 아르케오프테릭스(*Archaeopteryx*)는 날개짓을 하기 위한 근육이 발달하지 않아, 나뭇가지에서 가지로 날던 도마뱀에 지나지 않았습니다. 날개에 붙어 있는 구부러진 발톱은 물건을 잡는 데 사용하였고, 예리한 이로 나무 위의 곤충이나 도마뱀을 잡아서 먹었습니다. 물론, 현재의 조류에서 볼 수 있는 모래주머니는 존재하지 않았습니다.

 비늘은 날개털로 바꾸어 날 수 있는 능력을 높이고, 체온 저하를 방지하였습니다. 그리고 온혈동물이었던 것으로 생각되고 있습니다.

 아르케오프테릭스와는 별도로 창공을 날려고 한 일군의 파충류가 있습니다. 그것을 익룡(翼龍)이라 하며, 2억 년 전 고생대 말에 처음 모습을 나타냈고, 현재의 박쥐와 비슷한 모습을 하고 있었습니다. 1784년에 이탈리아인 코스모 콜리니가 독일 바바리아 지방의 쥐라기 지층에서 우연한 기회에 익룡의 화석을 손에 넣었습니다. 그것이 인류가 접한 최초의 익룡 화석입니다. 콜리니는 처음에는 괴물의 유해라고 엉뚱한 의견을 냈습니다.

 프랑스의 해부학자 퀴비에 남작은 콜리니가 손에 넣은 화석을 정성들여 조사하였습니다. 가늘고 긴 위아래 턱에는 날카로운 이가 있고, 머리 양쪽에 큰 눈을 가진 도마뱀과 매우 비슷한 등뼈와 다리가 있었습니다. 네번째 발가락이 이상하게 긴, 가벼운 관 모양의

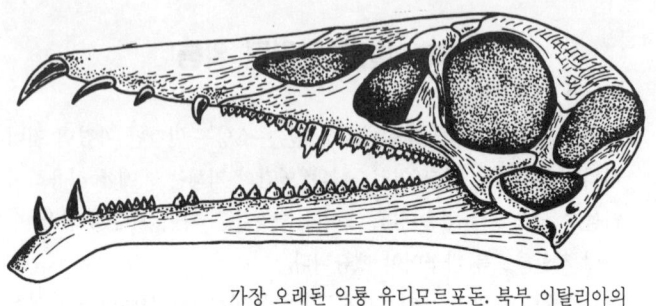

가장 오래된 익룡 유디모르포돈. 북부 이탈리아의
페름기산(페터 베른호퍼의 그림을 고쳐 그림)

날개가 얇은 피막의 인상을 남긴 졸른호펜산 익룡 람포린쿠스
(L. V. 아몬) [27]

뼈로 변하고, 박쥐 같은 날개를 가진 파충류로 밝혀져 익룡으로 이름 붙었습니다.

익룡은 좌우의 날개에 발톱이 붙어 있는 세 개의 발가락으로 물건을 잡고, 나무에 매달릴 때 몸을 지탱하였을 것입니다.

익룡은 개펄이나 해안의 바위가 있는 높은 곳에 둥지를 틀고 크

많은 털을 가진 익룡 소르데스 필로수스
(소비에트 공룡전에서)

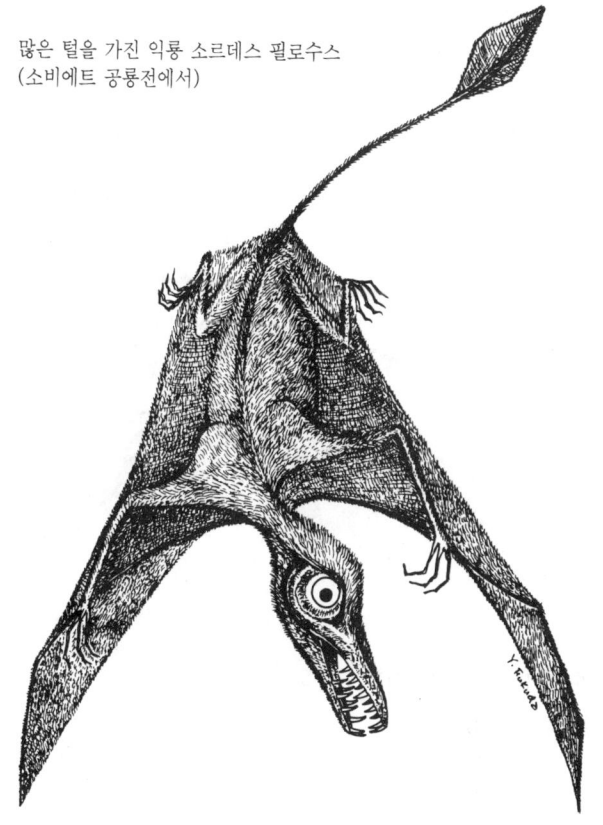

악크악 요란하게 울면서 무리를 지어 생활하고 있었습니다. 바바리아의 졸른호펜은 결이 가는 석회분을 함유한 회백색 혈암층이 발달하고 있어서 쥐라기 후기의 잘 보존된 화석 산지로서 유명합니다.

독일 졸른호펜은 원래 인쇄용 석판석의 채굴장이었습니다. 결이 가는 혈암 표면에 인쇄용 문자나 그림을 새겨서 잉크를 칠해서 누

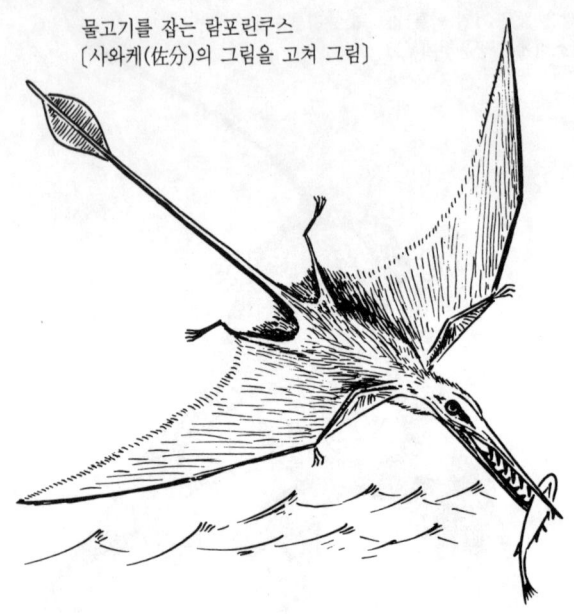

물고기를 잡는 람포린쿠스
[사와케(佐分)의 그림을 고쳐 그림]

르면 책이나 신문이 인쇄되어 나옵니다.

 석판석을 채굴하고 있을 때 작업장의 석공은 자주 훌륭한 화석을 보게 됩니다. 그것을 감독의 눈에 보이지 않는 곳에 살짝 감추었다가 일이 끝나고 나서 갖고 나와 마을의 호사가에게 좋은 값으로 팔았습니다.

 그런데, 약 150여년 전에 본 대학의 동물학 교수 게오르그 고르토푸스 박사는 졸른호펜의 채석장에서 나온 익룡 람포린쿠스(*Rhamphorhynchus*)의 날개용 피막 표면이 기묘하게 송송 구멍난 것을 주목하였습니다.

 고르토푸스는 틀림없이 가는 털구멍 흔적으로 익룡에 털이 나 있었다는 움직일 수 없는 증거라고 학회에 발표하였습니다.

49. 털로 덮였던 익룡 279

몸 앞쪽

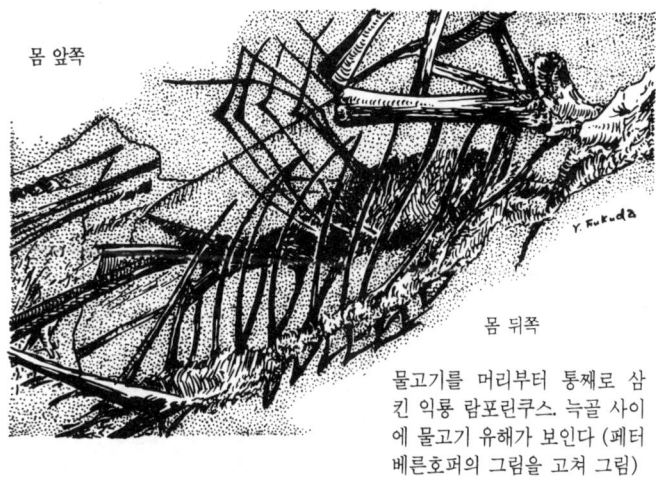

몸 뒤쪽

물고기를 머리부터 통째로 삼킨 익룡 람포린쿠스. 늑골 사이에 물고기 유해가 보인다 (페터 베른호퍼의 그림을 고쳐 그림)

회장의 여기저기에서 실소와 조소가 섞인 소리가 높아졌습니다. 그래서 익룡에 털이 나 있었다는 고르토푸스 박사의 견해는 일축되어 버렸습니다. 더 나쁜 일도 있었습니다. 1908년 뮌헨 대학의 카를 반델러 교수가 도레스덴 박물관까지 가서 고르토푸스 박사가 주장한 람포린쿠스 털의 흔적이란 것을 의심 깊은 눈으로 자세히 조사하였습니다.

처음부터 뭔가 이상하다고 의심하면서 조사한 것이기 때문에 거기에서 나올 답은 뻔한 것이었습니다. "이런 하찮은 것에 시간을 소비한 내가 바보였다. 이것은 화석을 운반해 오는 도중에 바위의 일부가 떨어져 나가 생긴 흔적에 지나지 않는다"라고 결론맺었습니다.

반델러 교수가 코웃음친 표본을 두고 고생물학 전문가 페르디난트 브로일리 박사는 고르토푸스설을 지지하였습니다. "의심스러우

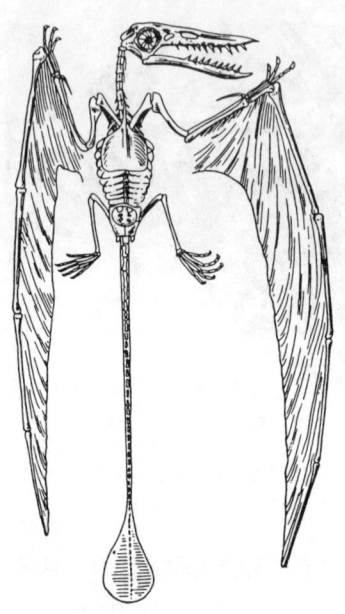

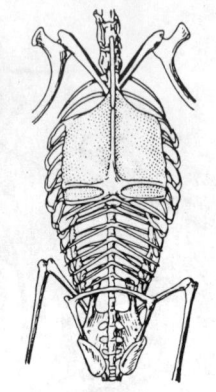

(오른쪽) 람포린쿠스의 몸 중앙부의 골조를 나타낸다 (E. V. 스트로머)

익룡 람포린쿠스의 골격 복원도(윌리스톤). 머리에서 꼬리 끝까지 80cm 정도이다 [27]

면 박쥐의 털구멍과 비교하여 결말을 냅시다"라고 호기있게 주장하였으나 학계에서 아무런 반응도 얻지 못하였습니다. 그것은 시기가 나빴기 때문입니다. 당시 독일은 히틀러가 이끄는 나치가 대두하고 세상이 소란하여 도저히 속세와 동떨어진 고생물학 논쟁을 할 계제가 아니었습니다.

그러나, 제2차세계대전이 끝나고 평화가 오자 우연히 고르토푸스, 브로일리 두 박사의 주장이 옳았다는 것을 인정할 수 있는 기회가 왔습니다. 즉, 1970년 소련의 고생물학자 샤로프 박사가 중앙

49. 털로 덮였던 익룡

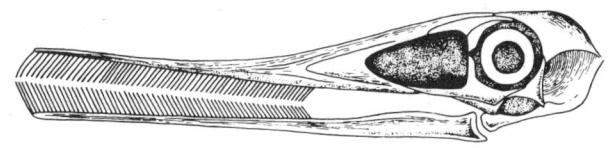

익룡 크테노카스마 그라실의 두골
(F. 브로일리의 그림을 고쳐 그림)

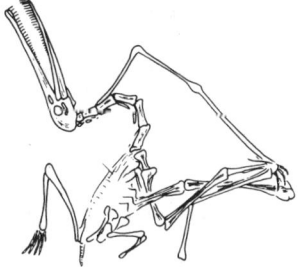

크테노카스마 그라실의 전신 골격
(F. 브로일리의 그림을 고쳐 그림)

아시아의 카자흐스탄에서 쥐라기 후기 호소의 퇴적물 중에서 매우 보존 상태가 양호한 익룡의 화석을 발견하여, 의기양양한 카를 반델러 박사의 코를 납작하게 만들었습니다,

샤로프 박사가 발견한 소형 익룡의 피막 표면에는 가는 털이 빽빽이 나 있었습니다. 그리고 소르데스 필로수스(Sordes Pilosus)라는 학명이 붙었습니다. 소르데스 필로수스란 '불견한 털'을 의미합니다.

어째서 불결한지 잘 모르겠습니다. 러시아어로는 '털이 난 악마'라는 의미입니다. 필자는 러시아어쪽 표현이 더 낫다고 생각합니다. 그 표본은 현재 러시아에서 국보급 취급을 받고 있습니다.

익룡은 행글라이더같이 하늘을 날았습니다. 그 때, 찬 공기에 쏘이기 때문에 보온을 위해 털이 필요하였습니다. 현재, 우리를 머리 아프게 하고 있는 털이의 기원은 이 소르데스 필로수스 시대까지 거슬러 올라가 생각할 필요가 있을 것입니다.

익룡은 조류와 같은 온혈동물로서 끊임없이 일정한 에너지를 공급하고 있었다고 생각합니다.

익룡의 뇌는 새와 같이 소뇌가 큽니다. 그것은 비행을 위한 평형감각이 특별히 발달하여야 하였기 때문입니다.

익룡의 먹이는 물고기였습니다. 독일의 젊은 고생물학자 페터 베른호퍼 박사는 바바리아에서 나온 익룡의 위 속에 머리부터 통째로 삼켜진 물고기가 들어 있는 화석을 보고하고 있습니다. 이 연구로, 익룡은 기류를 능숙하게 타고서 해면을 낮게 날아 예리한 부리로 물고기를 잡아 통째로 삼킨 것을 알 수 있습니다. 익룡 부리에 나 있는 이는 먹이를 물어 뜯는 데 사용한 것이 아니고 잡은 먹이를 놓치지 않으려 하는 데 사용하였습니다.

소화관은 짧아서 배설물은 그대로 배설하였다고 생각됩니다. 바바리아에서 나오는 크테노카스마 그라실(*Ctenochasma gracile*) 익룡이 있습니다. 그것은 '빗살 이'라는 의미입니다. 크테노카스마 그라실은 람포린쿠스나 프테로닥틸루스(*Pterodactylus*), 스카포그나투스(*Scaphognathus*)와는 전혀 다릅니다. 가늘고 긴 위아래의 부리 안쪽에 수염고래와 같은 가는 솔 형태의 돌기가 빽빽하게 나 있습니다.

크테노카스마 그라실은 바닷속에 들어가서 소형의 갑각류를 그물같이 떠 내어 가늘고 긴 돌기 사이로 바닷물을 품어낸 다음 입에 남은 먹이를 씹어 삼켰을 것입니다. 또 얕은 여울에서 플라밍고같이 부리로 작은 물고기나 새우를 잡을 때 사용하였을지도 모릅니다.

익룡은 해면을 저공 비행하였기 때문에 운 나쁘게 수장룡의 먹이가 된 것도 있습니다. 밤이 새면 육지를 떠나 해상으로 나가 먹이를 잡고, 해가 지면 둥지로 돌아가는 나날을 보내고 있었을 것입

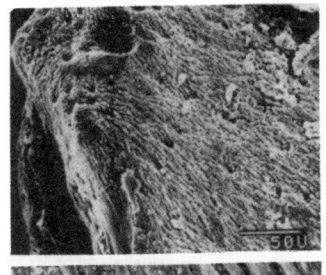

캔자스 주 백악기 후기의 지층에서 나온 익룡 프테라노돈의 날개뼈. 위는 끝쪽, 아래는 뼈를 따라 달리는 석회화한 콜라겐 섬유다발 (U는 미크론)

니다.

번식은 알로 한 것으로 생각됩니다. 만약 새끼를 낳았다면 장기간 새끼를 밴 채 날아야 하므로 익룡에게 큰 부담이 되었을 것입니다. 목에 펠리컨 같은 주머니가 있어서 잡은 물고기를 저장하여 둥지 안에서 기다리고 있는 새끼에게 운반하였는지도 모릅니다.

익룡은 어디까지나 행글라이더같이 기류를 타고 비행하였습니다. 익룡은 결국 현대의 새같이 강한 가슴근육을 갖고 혼자 힘으로 비행할 수 없었습니다. 가늘고 긴 날개뼈(네 번째 발가락뼈)는 골수가 미발달하여 세로로 길게 석회화한 콜라겐 섬유 다발로 구성되고, 그 사이에 골세포가 점점이 흩어져 있는 독특한 구조를 하고 있었습니다.

익룡은 털로 덮인 피막이 파괴되면 비행할 수 없었습니다. 다시 날 수 있어도 상처가 나은 뒤의 일입니다. 그 때까지 쭉 쉬어야 되었으므로 매우 능률 나쁜 비행 장치라고 할 수 있습니다. 또 강풍이 불 때는 생각치 못한 방향으로 밀리는 일도 있었을 것입니다. 육지에서 100킬로미터 이상이나 떨어진 해성층에서 발견된 익룡은 바람에 밀렸을지도 모릅니다. 그리고 현대의 바다새같이 염분비선을 갖고 여분의 염분을 체외로 배설하였습니다.

1970년대에 미국 텍사스 주 백악기 후기의 지층에서 양날개 길이가 15미터나 되는 제트기같이 큰 초대형 익룡 화석이 발견되었습니다.

그 익룡은 케찰코아틀루스(*Quetzalcoatlus*)라고 이름이 붙여졌습니다. 그것은 뱀의 몸에 날개를 가진 괴물로 알려진 멕시코 최고 신(神)의 이름입니다. 케찰코아틀루스는 상공에서 부패육 냄새를 맡으면 급강하하여 고깃덩이를 먹고 착륙하는 일 없이 그대로 날아 올랐다고 생각됩니다. 먹이에 접근하기 위해 땅에 내려앉게 되면 신천옹같이 뒤뚱뒤뚱 걸었기 때문에 주객이 전도되어 바로 육식성 공룡의 먹이가 되었을 것입니다. 그래서 땅에 내려오는 일은 자살 행위였을 것입니다.

이 익룡도 현대형의 조류가 창공에 진출하기 시작하자 바로 사라져 버렸습니다. 필자는 와이오밍 주 호수의 퇴적물 중에서 나온 5천만 년 전의 새 날개털을 입수하여 전자 현미경으로 관찰하였으나 날개털은 필름형이라 사진 촬영아 도저히 안 되어서 실망한 일이 있습니다. 초기 새의 털은 도대체 어떤 미세 구조를 나타내는가 기회가 있으면 다시 도전해 보고 싶습니다.

50. 잠수의 달인(達人) 헤스페로르니스

물 속에서 물고기를 잡는 헤스페로르니스
(루카스의 그림을 고쳐 그림)

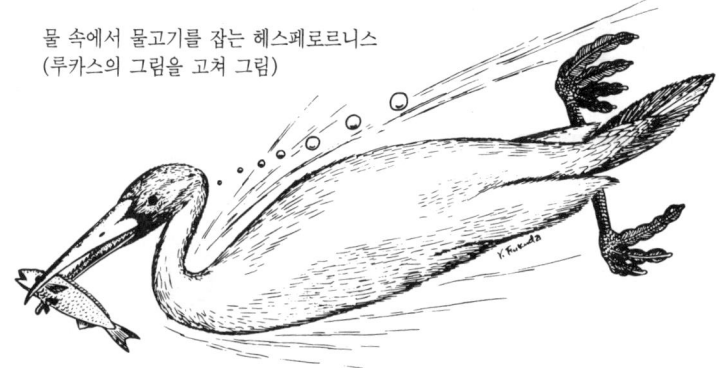

 7천만 년 전 북미의 해안이나 근해의 작은 섬에는 몸길이 1미터 이상이며 날개가 완전히 퇴화 소실되어 튼튼한 뒷다리만 남은 헤스페로르니스(Hesperornis)라는 바다새가 있었습니다. 이 새는 나는 것을 완전히 포기해 버린 새였습니다.

 길게 튀어나온 각질 부리 안에는 가는 이가 빽빽하게 나 있었습니다. 몸의 표면은 검고 가는 날개털로 구석구석까지 덮이고, 뒷다리 끝의 발가락뼈는 비늘이 딸린 두꺼운 피막으로 덮여서 현재의 농병아리 지느러미다리와 매우 비슷한 모습입니다.

 헤스페로르니스의 튼튼한 지느러미다리는 '물을 강하게 차서 잠수할 때 훌륭한 추진기로서 작용하였습니다. 캔자스 주의 백악기 후기의 해성층에서 나온 헤스페로르니스 레가리스(Hesperornis legaris)는 이 무리로서는 최대급으로 몸길이 1.5미터에 달하며 무게도 30킬로그램에 가까웠습니다. 펭귄같이 서서 걷는 일은 불가

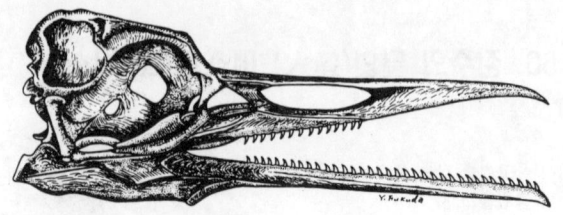

헤스페로르니스의 머리뼈(위)와 이(가운데)
(마슈의 그림을 고쳐 그림)

이 뿌리 부분에 예비 이를 가지고 있어서 바로 새 이로 갈 수 있도록 되어 있다. 이의 크기는 길이 10mm, 굵기 3mm

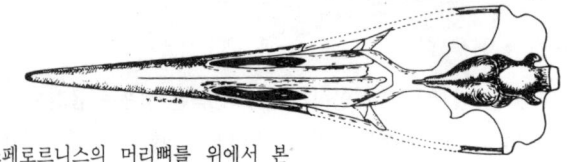

헤스페로르니스의 머리뼈를 위에서 본 것. 오른쪽 덩어리는 뇌(마슈의 그림을 고쳐 그림)

능하였습니다. 육상에서는 바다표범같이 배를 땅에 대고 있었다고 생각됩니다.

배를 썰매같이 사용하여 바닷속으로 미끄러져 들어간 다음, 뒷다리를 차서 물 속 깊이 잠수하여 물고기를 잡아서 생활하고 있었습니다. 알을 낳거나 새끼를 키울 때만 육지에 올라왔을 것입니다.

짧은 꼬리 가까이 있는 기름 분비선 덩어리에서 부리로 끊임없이 깃털에 기름을 찍어 발랐을 것입니다. 그렇게 하지 않으면 바닷물이 깃털에 축축하게 스며들어 헤엄치기 어렵기 때문에 날개 표

50. 잠수의 달인(達人) 헤스페로르니스

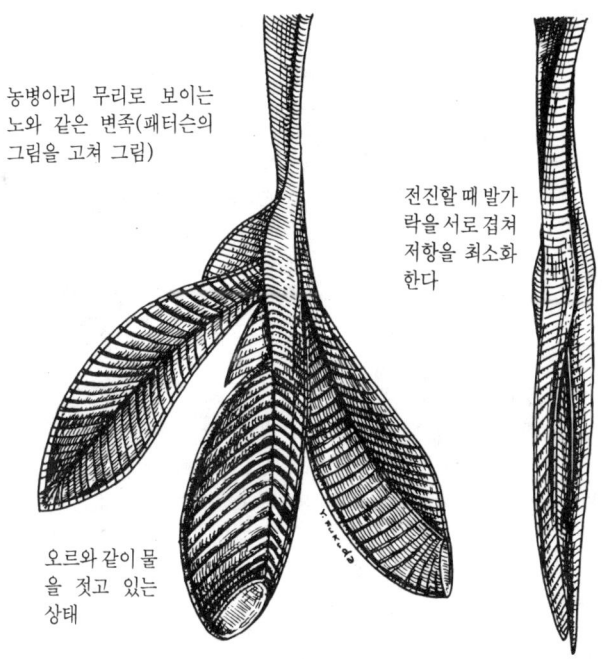

농병아리 무리로 보이는 노와 같은 변족(패터슨의 그림을 고쳐 그림)

전진할 때 발가락을 서로 겹쳐 저항을 최소화 한다

오르와 같이 물을 젓고 있는 상태

면에 기름막을 형성하여 바닷물이 스며들지 않게 한 것입니다.

헤스페로르니스는 원래 육지의 새였으나 바다에서 잠수 생활을 하게 되었으므로 생리적으로도 상당한 변화가 일어났을 것입니다.

즉, 체내의 여분의 염분을 배설하는 방법을 습득하였을 것입니다. 민물이 전혀 없는 절해의 고도에서 생활하는 바다새는 도대체 어떻게 수분을 얻을까요. 만약 우리가 그런 섬에 버려진다면 갈증으로 금방 죽어 버리고 말 것입니다.

바다새가 그런 비참한 결과를 맞지 않는 것은 눈의 언저리에 있는 염분비선이라는 정교한 장치가 물고기를 잡을 때 함께 삼킨 바

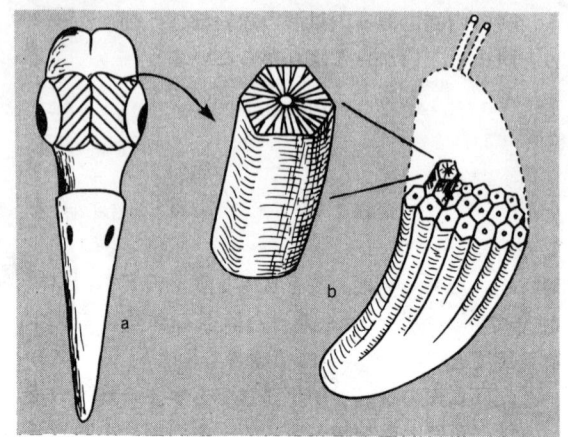

바다새의 눈 주위에 있는 염분비선 덩어리 (a), b는 염분비선의 내부구조. 육각형 기둥형 조직이 모여서 만들어져 있다(팡게의 그림을 고쳐 그림)

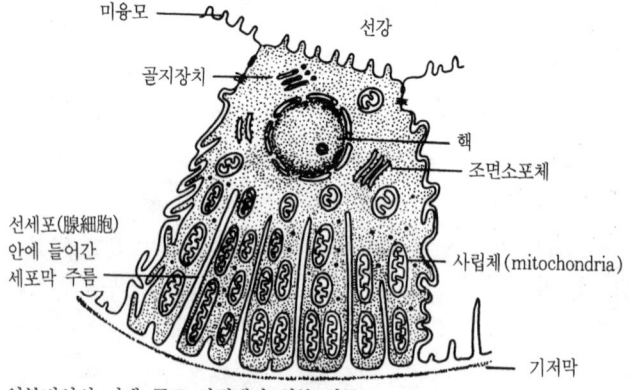

염분비선의 미세 구조 사립체가 염분 이동에 관여하고 있다(M. 페아카와 J. L. 린첼의 그림을 고쳐 그림)

닷물의 염분을 체외로 걸러내기 때문입니다. 그러므로 소금기 없는 물만 남게 됩니다. 그렇게 하여 갈증을 견딜 수 있습니다.

헤스페로르니스도 눈 주위에 염분비선이 있어서 한 쌍의 콧구멍에서 짙은 염분을 함유한 투명한 액체를 배출하였을 것입니다. 부리 안쪽에 있는 원뿔형의 짧은 이는 잡은 물고기가 날뛰는 것을 저지하고, 입에서 빠져 나가지 않게 한 것으로 생각됩니다. 그리고, 익룡같이 물고기를 머리쪽부터 통째로 삼켰을 것입니다. 모래 주머니는 발달하지 않았을 것입니다. 물고기 같은 단백질이 풍부한 음식을 영양원으로 하는 새는 대부분 모래 주머니가 퇴화하기 때문입니다.

딱딱한 나무 열매나 풀잎, 줄기를 먹는 타조같이 날지 못하고 빨리 달리는 새무리는 두꺼운 근육층을 가진 모래 주머니가 발달합니다. 포장마차에 잘 나오는 닭똥집은 조류의 중요한 소화기관인 근위(筋胃)입니다. 내부에 각질의 보호막이 있고, 그 안에 작은 돌(위석)이 들어 있습니다. 외부의 근육이 수축하면 작은 돌이 먹이를 갈아 부수는 작용을 합니다. 그러나, 보호막 덕분에 근위의 내벽이 상처입는 일은 없습니다. 필자는 절멸한 거대한 모아(*Moa*)의 늑골 사이에 달걀만한 위석이 굴러다니는 것을 본 일이 있습니다.

등은 검은색을 띤 회색이고, 배는 흰색이었다고 생각됩니다. 그것은 일종의 보호색으로 헤스페로르니스를 위에서 보았을 때 검은 바다색과 같아 눈에 뜨이기 힘들고, 바닷속에서 올라왔을 때 반짝거리고 빛나는 수면의 색과 어우러져 상대의 눈을 속였을 것입니다.

눈의 가장 바깥쪽에 있는 각막은 두껍게 피부화하여 바닷물의 자극에서 눈을 보호하였을 것으로 생각됩니다. 고래나 바다표범, 강치의 눈이 왠지 모르게 탁하게 보이는 것은 각막이 특별히 두꺼워

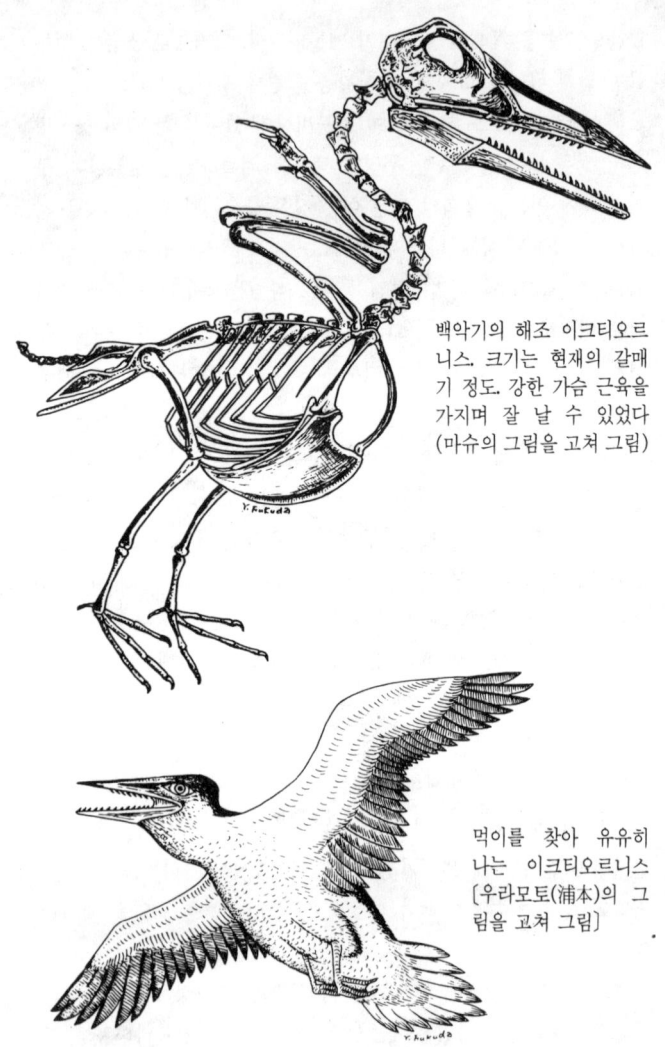

백악기의 해조 이크티오르니스. 크기는 현재의 갈매기 정도. 강한 가슴 근육을 가지며 잘 날 수 있었다 (마슈의 그림을 고쳐 그림)

먹이를 찾아 유유히 나는 이크티오르니스 〔우라모토(浦本)의 그림을 고쳐 그림〕

50. 잠수의 달인(達人) 헤스페로르니스

와이오밍 주 에오세(5000만 년 전) 지층에서 나온 림노프레가타 아치고스테론의 복원도(오르손의 그림을 고쳐 그림)

졌기 때문입니다. 헤스페로르니스도 그와 같았을 것입니다.

헤스페로르니스는 당시의 해안이나 외딴섬에서 무리를 지어 살고 있었을 것입니다. 그리고, 현재의 괭이갈매기같이 시끄럽게 울어대고 있었는지도 모릅니다.

살던 장소에서는 부서진 물고기뼈가 섞인 대량의 분화석이 발견될 것입니다. 바다새 똥은 오랜 세월에 걸쳐 막대한 양이 쌓이고, 완전히 고화되어 인산염이 풍부한 구아노로 변합니다. 현재 구아노를 채취하여 비료로 사용하고 있는 곳의 광경과 같을 것으로 생각합니다.

잠수의 달인 헤스페로르니스가 절멸한 것은 당시 바다에서 맹위를 떨치고 있던 흉포한 바다도마뱀룡 모사사우루스의 먹이가 된 점에 원인이 있을 것입니다.

헤스페로르니스같이 자맥질을 잘 하는 새 외에, 당시 잘 발달한 근육으로 현재의 갈매기같이 하늘 높이 난 이크티오르니스(*Ichthyornis*; 魚鳥)라는 새가 있었습니다. 올슨은 이 새가 당시 북아메리카 연안에 널리 분포하였다고 생각하고 있습니다.

이크티오르니스는 뱀의 엄니같이, 안쪽으로 이가 많이 난 긴 부리를 갖고 있었습니다. 공중에서 물고기를 발견하면 화살같이 급강하하여 잡아서 둥지로 물고 가서 먹었을 것입니다. 백악기 후의 림노프레가타(*Lymnophregata*) 같은 새는 이가 완전히 없어져서 현재의 조류와 거의 같은 모습을 갖게 되었습니다.

인용 참고 문헌

이 책의 그림과 사진의 설명문 중에 나와 있는 *1), *2) 등의 숫자 기호는 아래의 문헌 리스트 번호를 나타낸다. 문헌의 마지막 부분의 이탤릭체 숫자는 원 그림이 게재되어 있는 페이지를 나타내며, 그 다음의 숫자는 그림이 나와 있는 이 책의 페이지다.

1) 鹿間時夫・尾崎博 : 사라진 日本의 生物, Blue Backs, 講談社 1974
2) 鹿間時夫 : 古脊推動物圖鑑, 朝倉書店, 1979
3) E.H. Colbert(田隅本生譯) : 新版脊推動物의 進化(上・下), 筑地書館 1978 : *239* : 159
4) 佐貫亦男 : 進化의 設計, 朝日新聞社, 1982
5) A. J. Hallstead(龜井節夫譯) : *Dinosaurus* — 恐龍의 進化와 生態 — 筑地書館, 1981
6) A. J. Desmond(加藤秀譯) : 大恐龍時代, 二見書房, 1976
7) D. Lambert(長谷川善和・眞鍋眞譯) : 恐龍百科, 平凡社, 1985
8) W. E. Swinton(小畠郁生譯) : 恐龍 — 그 發生과 絶滅 — 筑地書館, 1974
9) 小畠郁生 : 恐龍의 足跡, 新潮社, 1986
10) 히사쿠니히코 : 恐龍博画館, 新潮社, 1984
11) B. Kruten(小畠郁生譯) : 恐龍時代, 平凡社, 1971
12) B. Kruten(小原秀雄・浦本昌紀譯) : 哺乳類 時代, 平凡社, 1976
13) E. H. Colbert(小畠郁生・龜山龍樹譯) : 恐龍의 發見, 早川書房, 1980

14) 福田芳生：生痕化石의 世界, 筑地書館, 1981
15) 佐伯誠一：恐龍에 대한 모든 것 - 入門, 小學館, 1973
16) 竹內均篇：恐龍의 時代, 講談社, 1982
17) 齋藤常正：世界의 恐龍, 講談社, 1979
18) D. F. Grad(小畠郁生譯), 恐龍圖解事典, 筑地書館, 1981
19) 石垣忍：Morocco의 恐龍, 筑地書館, 1986
20) A. S. Romer(川島誠一郎譯)：脊椎動物의 歷史, 動物社, 1981
21) E. H. Colbert(長谷川善和譯)：恐龍 어떻게 살고 있었는가, 動物社, 1981
22) Nicholi·K. Verechargin(金光不二大譯)：맘모스는 어째서 絶滅하였는가, 東海大學出版會, 1981
23) L. B. Hallstead(田隅本生譯)：脊椎動物의 進化樣式, 法政大學出版局, 1984
24) A. 페도시아(小畠郁生·杉本剛譯)：새의 時代, 思索社, 1985
25) J. C. Maclorin(小畠郁生·平野弘道譯)：사라진 龍 - 哺乳類의 先祖에 대한 새로운 생각 - 岩波書店, 1982
26) J. C. Maclorin(小畠郁生·澤田賢治譯)：恐龍들 - 옛날 龍에 대한 새로운 생각 - 岩波書店, 1982
27) Dr. Arno Hermann Müller : Lehrbuch der Paläozoologie Band Ⅲ *Verterbraten Teil 2 Reptilien und Vögel* VEB Fischer Verlag Jena, 1968 : *117, 118, 129, 183, 195, 202, 217, 236, 237, 256, 360, 363, 386, 410, 430, 433, 448, 449. 508* : 222, 222, 232, 228, 273, 269, 114, 265, 263, 255, 280, 276, 183, 185, 29, 27, 155, 155, 105
28) Gerard R. Case : *A Pictorial Guide to Fossils*, Van Nostrand Reinhold Company, 1982 : *199, 380* : 199, 163

29) H. Reichenbach − Klinke and E. Elkan : The Principal Diseases of Lower Vertebrates, Book Ⅲ *Diseades of Reptiles*, T. F. H. Publications, Inc. : *482* : 171
30) Bernhard Hauff, Rolf Bernhard Hauff : *Das Holzmadenbuch*, Bernhard Hauff Museum, 1981 : *5, 14, 24, 25, 27, 35* : 219, 219, 220, 221
31) Jean Piveteau : *Traitéde Paléontologie*, MASSON ET Cie, 1955 : *844, 845, 846, 848, 858* : 49, 49, 49, 47, 141
32) Alan Charig : *A new look at the dinosaurs*, Heineman・London, Published in association with the British Museum (Natural History), 1979 : *46, 46, 49, 52, 90* : 14, 16, 19, 23, 70
33) T.S.Kemp : *Mammal − like reptiles and the origin of mammals*, Academic Press Inc.(London) Ltd, 1982 : *38, 43* : 83, 86

찾아보기

〈ㄱ〉

가골 167
가시바다뱀 236
가이셀 계곡 118
가일러 박사 249
각막 289
각화층 60, 174
갈고리 231
갈리미무스 183
갑각류 246
갑옷 79
검지기 91
검치호 95
결합섬유(층) 79, 218, 220
경린어 227, 238
게오르그 고르토푸스 278
고고학 226
고래 229
고르고사우루스 100
고병리학 165
고비 사막 148
고생리학 137
곤충 242
골단위 64
골막염 168
골막하종양 168
골세포 66, 71, 73, 79
골소강 66
골수 64, 66, 119
골수염 168
골종양 165
공룡발자국 183
공룡 사냥꾼 50
공룡의 묘지 186
공룡의 사회생활 30
괭이갈매기 291
구강점막 89
구아노 291
굴 215
귀뚜라미 252
귀뼈 115
규화목 247, 250
그리즐리 100
그물 283
극돌기 70, 84

근위	289	데도리재첩	249
글로비덴스	259	데도리 젖꼭지나무	250
글립토돈	95	데도리 호수	250
기생충	174	데도리강	247
깨물린 흔적	256	데이노니쿠스	70, 159
꼬리 추골	70	도마뱀	108
		도세트 현	214

⟨ㄴ⟩

		독개구리	105
날개털	285	독도마뱀	105
날 수 있는 능력	275	독액	107
냉혈	68	되씹기	123
농병아리	285	두개골	110
뇌	109, 110	등지느러미	221, 245
뇌두개	109	디메트로돈	85
뇌룡	60, 119, 169, 176	디플로도쿠스	169
눈	115, 116	디플로미스투스	180
늑골	238		
니오프라라층	257	⟨ㄹ⟩	
닐소니아	250	라보데르마	166
		라인 박사	248

⟨ㄷ⟩

		라인 나한송	250
대뇌	109	라임 레기스	216
대산란장	189	람포린쿠스	278
대영 박물관	217	레드 데어 강	178
데도리 식물군	248	레온토세팔루스	113

레피도덴드론　　　　　　200
레피도테스　　　　　　　227
로만 파울리키　　　　　　66
로트사우루스　　　　　　46
루이 돌로 박사　　　　　　29
루이스 아가시 박사　　　273
루펜고사우루스　　　　　46
리스트로사우루스　　41, 106
리틀 블랙 핸드　　　　　　76
림노프레가타 아치고스테론
　　　　　　　　　291, 292
림프구　　　　　　　　　118
림프액　　　　　　　　　　74

〈ㅁ〉

마노화　　　　　　　　　138
마슈 박사　　　　　　　152
마이아사우라　　　　　　30
만텔 의사　　　　　　　　13
메갈로사우루스　　　23, 252
메어리 부인　　　　　　　16
메어리 아닝　　　　　　214
멜라토닌　　　　　　　　116
면역　　　　　　　　　　118
모래 주머니　　　　275, 289

모리슨층　　　　　　　　135
모사사우루스　　　　170, 253
모아　　　　　　　　　　289
무라타　　　　　　　　　238
물곰팡이　　　　　　　　166
미라 화석　　　　　　52, 53
미뢰　　　　　　　　　　104
미생물 배양 탱크　　　　　122
미치류　　　　　　　　　242
미후네룡　　　　　　　　180
미후네층군　　　　　　　181

〈ㅂ〉

바다거북　　　　　　108, 170
바다나리　　　　　　　　216
바다도마뱀룡　　　　　　246
바다도마뱀룡 모사사우루스
　　　　　　　　　170, 253
바바리아 지방　　　　　275
바소프레신　　　　　　　210
바얀 자크　　　　　　　189
바퀴벌레　　　　　　　　252
박쥐　　　　　　　　　　275
발자국 화석　　　　　　　60
발톱(갈퀴 발톱)　　　70, 275

방어법	106	비브리오균	166
방열판	80, 154	비행장치	284
배	201		
배룡류	203, 204, 241	⟨ㅅ⟩	
배설물	283		
백색 레그혼(닭)	211	사베르 타이거	93, 95
백악기	127, 133, 229	사우로르니토이데스	35
백혈구	118	사우롤로푸스	173
뱀	108	사인	225
범룡	85	사후변화	226
법의학	225	산란	210
베르니사르	20	산소 결핍상태	226
베른호퍼 박사	282	살무사	236
벨렘니테스	231	삼각조개	215
벨로키랍토르	161	삼반규관	113
변족	287	생식선	111, 116
병원균의 화석	165	생식선 자극 호르몬	111
봉인목 시길라리아	200	샤로프 박사	280
부리	285	석탄기	200
분식성 딱정벌레	133	석판석	277
분해산물	225	석회침착	210
분화석	129, 138, 291	석회화	72, 220
불꽃 낭떠러지	189, 194	성주기	116
브라키오사우루스	119, 185	세계 최초의 어룡	240
브론토사우루스	60, 134, 176	세포막	118
비강	59	소뇌	109

소르데스 필로수스	277, 281	시조새	275
소화석	123	시카마	251
소화효소	44	신생대 제3기 에오세	139
속새	200	신천옹	284
송과선	114, 116	실러캔스	166
쇠파리	175	실로피시스	35
수면병	176	심보스폰딜루스	245
수염고래	283	심장	119
수장룡	127, 215, 229	썩은 고기	100
수형류	32, 41, 106	쓰메이시	250
슈노켈 장치	53		
스밀로돈	93, 95	〈ㅇ〉	
스셀로포우라스	115	아나토사우루스 아네크텐스	52
스콜로사우루스	148	아래턱뼈	104, 238
스쿠토사우루스	107	아르케오프테릭스	275
스탠버그 부자	50	아킬레스건	72
스테고사우루스	150	아파토사우루스	169
스테노니코사우루스	60	악어	97, 108
스테노프테리기우스	224, 244	안킬로사우루스	75, 148
스트레스	212	알 껍질	202
스피노사우루스	84	알로사우루스	136
시각	135	암모나이트	216, 255
시길라리아	200	앤드류스 박사	189
시라미네촌	247	야네시 교수	153
시랍화	226	야콥슨 기관	91
시상하부	112		

양막강	201	오프탈모사우루스	244
양서류	105	온도 조절 장치	85
양치	250	온혈	68
어룡	214, 241	온혈동물	283
어조	292	완족 동물	238
에네루스 아우다쿠스	258	왕도마뱀	253
에다포사우루스	82, 85	왕아르마디로	93
에르벤 교수	210	요막강	201
에리오프스	202	용각목	45
에스트로겐	210	용반류	33, 45
에우파르케리아	33	우다쓰 어룡	238
에오세	138	우다쓰정	238
에이노사우루스 베르나르디	261	원생동물	121
여성 호르몬	210	위석	121
연수	109	유디모르포돈	276
염(분) 분비선	33, 287, 288	유양막란	201
옛도마뱀	114, 202	육식성 공룡	17, 33, 40, 104
오가쓰 어룡	240	육식성 유대류	133
오돈타스피스	227	은행나무	250
오르니토수쿠스	33	이구아나	16
오리너구리룡	17, 53	이구아노돈	13, 20, 104
오스테오사이트(osteocyte)	66, 69	이노스트란케비아	106
		이반토사우루스	106
오스테온(osteon)	66	이상란	210
오스트롬 박사	119	이크티오르니스	290, 292
오우라노사우루스	81, 85	이크티오사우루스	214

익룡	215, 275, 281, 282
인목 레피도덴드론	200
인공적인 도태	192

⟨ㅈ⟩

자궁	237
잔물결 바위	183
잡식성	44
장갑공룡	93, 115, 148
장갑판	77, 95
장골	15
장내 세균	139
장막	201
장폐색	232
젖꼭지형 돌기	206, 207
적색 바위층	203
적혈구	117
전자 현미경	194
절지동물	242
제3의 눈	115
제노자일론	249, 250
제만 박사	187
젠켄베르그 박물관	53, 273
조각목	44
조반류	26
조치류(槽齒類)	32
졸른호펜	277
종양	72
주형	66
중이골	40
쥐라기	129, 134
지네	242
진드기	175
진주층	209
질식사	227

⟨ㅊ⟩

척추뼈	238
청각	115
청새치	238
체지방	225
체체파리	175
초식성 공룡	16, 40, 105
촉압 감지기(센서)	62, 104
촉완	233
추골	84
치밀골질	64, 79, 255
치조	32
침엽수	53

〈ㅋ〉

카닌가미테스 53
카를 반델러 279
카스마토사우루스 45, 46
카우프만 박사 255
카자흐스탄 281
칼슘 66, 68, 72
케슬링 박사 255, 256
켄트로사우루스 153
코리토사우루스 53, 59, 112
코모 단애 152
코틸로사우루스 241
콜라겐 섬유 282
코스모 콜리니 275
큐티쿨라 층 212
케찰코아틀루스 284
퀴비에 남작 14, 274
크레톨람나 229
클리다스테스 253
크시파크티누스 257
크테노카스마 그라실 283
키틴질 231

〈ㅌ〉

타니스트로페우스 263
타르보사우루스 89
타조공룡 갈리미무스 183
태생 236
태아 236
털이 281
테논토사우루스 156
테도로사우루스 아스바엔시스
 250
테싱 263
테코돈토사우루스 32, 40
테코돈트 32
텐다글 153
텐돈 156
튀빙겐 대학 187, 220
토오지앙고사우루스 153
투글리그의 언덕 161
트라이아스기 106, 263
트로싱겐 186
트리케라톱스 121, 143
트리파노조마 간비엔제 175
티라노사우루스
 88, 91, 111, 112, 143

〈ㅍ〉

파라사우롤로푸스 53, 57
파살로테우티스 팍실로사 234

파충류	104
파키케팔로사우루스	140
팔레오스킨쿠스	148
패각 석회암	272
패혈증	100
페르디난트 브로일리 박사	273, 279
폐름기	85, 203
펠리컨	282
펭귄	285
평형감각	283
포도상구균	169
포보수쿠크	123
포시도니아 혈암층	218
포유동물	116
포유류	68
폭군룡	89, 91, 111, 112, 143
프로방스	210
프로토케라톱스	64, 161, 189
프테라노돈	215
프티코두스	273
플라밍고	283
플라코두스	268, 271, 272
플라코켈리스	268, 270
플라테오사우루스	46, 187
플라토사우루스	253
플레시오사우루스	215
피부병	176

⟨ㅎ⟩

하도로사우루스	17
하루살이	252
하버스관	66
하수체	111
해면골질	64, 79, 255
해성층	218
헤노두스 켈리오프스	266
헤스페로르니스	285
헤테로돈토사우루스	44
헤러 교수	225
혀	103
혈관강	79
혈소판	118
혈압	119
혈액의 화석	118
호르몬	111
호르몬 균형	212
호르몬 부전	211
호박	175
호흡구공	260
홀스테드 박사	68

홀츠마덴	218	후각	111, 135
홀츠마덴 부흐	218	후각기	59, 112
화석벽	248	후뇌	111
화학 분석	225	후타바스즈키룡	229
황철광	22	휴네 교수	187
황화물	226, 230	흡혈 거머리	176
회색곰	100	힘줄	156
흰줄박이돌고래	229		

| 공룡은 어떤 생물이었나 | B140 |

1994년 2월 10일 인쇄
1994년 2월 20일 발행

옮긴이　안용근
펴낸이　손영일
펴낸곳　전파과학사
서울시 서대문구 연희2동 92-18
TEL. 333-8877·8855
FAX. 334-8092　　　　1956. 7. 23. 등록 제10-89호

공급처 : 한국출판 협동조합
서울시 마포구 신수동 448-6
TEL. 716-5616~9
FAX. 716-2995

• 판권본사 소유　　　　• 파본은 구입처에서 교환해 드립니다.
　　　　　　　　　　　• 정가는 커버에 표시되어 있습니다.

BLUE BACKS 한국어판 발간사

 블루백스는 창립 70주년의 오랜 전통 아래 양서발간으로 일관하여 세계유수의 대출판사로 자리를 굳힌 일본국·고단샤(講談社)의 과학계몽 시리즈다.

 이 시리즈는 읽는이에게 과학적으로 사물을 생각하는 습관과 과학적으로 사물을 관찰하는 안목을 길러 일진월보하는 과학에 대한 더 높은 지식과 더 깊은 이해를 더 하려는 데 목표를 두고 있다. 그러기 위해 과학이란 어렵다는 선입감을 깨뜨릴 수 있게 참신한 구성, 알기 쉬운 표현, 최신의 자료로 저명한 권위학자, 전문가들이 대거 참여하고 있다. 이것이 이 시리즈의 특색이다.

 오늘날 우리나라는 일반대중이 과학과 친숙할 수 있는 가장 첩경인 과학도서에 있어서 심한 불모현상을 빚고 있다는 냉엄한 사실을 부정 할 수 없다. 과학이 인류공동의 보다 알찬 생존을 위한 공동추구체라는 것을 부정할 수 없다면, 우리의 생존과 번영을 위해서도 이것을 등한히 할 수 없다. 그러기 위해서는 일반대중이 갖는 과학지식의 공백을 메워 나가는 일이 우선 급선무이다. 이 BLUE BACKS 한국어판 발간의 의의와 필연성이 여기에 있다. 또 이 시도가 단순한 지식의 도입에만 목적이 있는 것이 아니라, 우리나라의 학자·전문가들도 일반대중을 과학과 더 가까이 하게 할 수 있는 과학물저작활동에 있어 더 깊은 관심과 적극적인 활동이 있어 주었으면 하는 것이 간절한 소망이다.

1978년 9월

발행인　孫 永 壽